米脂窑洞古城四合院

王梦莹 [日] 末广香织 著

中国建筑工业出版社

图书在版编目（CIP）数据

米脂窑洞古城四合院 / 王梦莹，（日）末广香织著 . 北京：中国建筑工业出版社，2025. 4. -- ISBN 978-7-112-31036-4

Ⅰ. TU-092.941.4

中国国家版本馆 CIP 数据核字第 2025Z9C801 号

责任编辑：吴宇江　朱晓瑜
责任校对：张惠雯　张辰双

米脂窑洞古城四合院
王梦莹　[日] 末广香织　著
*
中国建筑工业出版社出版、发行（北京海淀三里河路 9 号）
各地新华书店、建筑书店经销
北京雅盈中佳图文设计公司制版
廊坊市海涛印刷有限公司印刷
*
开本：787 毫米 ×1092 毫米　1/16　印张：13　字数：250 千字
2025 年 5 月第一版　2025 年 5 月第一次印刷
定价：58.00 元
ISBN 978-7-112-31036-4
（44679）

前言
Preface

2018 年初访米脂窑洞古城时，笔者为其活力所震撼：邻里在院内交谈，孩童在巷道穿梭，尽管历经战争与人为破坏，古城仍在其传统街巷格局中焕发出勃勃生机。

米脂窑洞古城以四条主街为骨架，背山面水，整体格局形如凤凰单展翅。其空间布局从宋元古城延续至明清古城，后又扩展至民国古城。明清古城内现存明末至民国时期建造的窑洞四合院 260 余院，多以独立式窑洞为主要居住用房，砖木结构为辅助用房。这些院落不仅展现了古人对居住空间的营造智慧，也成为家族情感、邻里和睦与文化传承的载体。

然而，在米脂窑洞古城中，以合院式住宅为主的聚落因其建筑结构和街区肌理的特殊性，在近代化的过程中，逐渐形成了多个家庭共同利用的居住模式，转变为“大杂院”。随着经济的发展，居民日渐增长的生活需求和传统院落的空间布局及设施配备之间的矛盾日益突出。无论是居民私自增改建，还是以提升城市风貌为目标的“绅士化”改造，因缺乏科学指导理念，均在不同程度上造成历史文化资源的不可逆损失。现存四合院中，拆除砖木结构房屋改建平房的现象屡见不鲜。这些凝聚民族文化的建筑空间，在时间推移中逐渐成为稀缺的乡愁记忆。在当前发展模式下，传统聚落在社会中究竟扮演何种角色？其空间构成和使用模式发生了哪些变化？在完整社区建设背景下，如何科学应对经济发展与居民日益增长的生活需求？这些问题亟待深入探讨与解决。

本书旨在记录与解读米脂窑洞古城四合院的建筑美学、生活哲学及其在现代社会中的意义。通过详实的文字描述、纪实的图片展示以及深入的文化解析，读者将得以窥见四合院背后的生活方式、价值观念以及历史建筑在现代社会中的适应性。本书共测绘和访谈 47 个院落（其中四合院 31 院），并对 272 个家庭进行问卷及访谈调研，以探寻传统聚落的固有性和现代价值，为其他县级古城的保护提供思路和参考。

（1）回顾。通过对现有资料的整理及房屋持有者的访谈，还原四合院建成初期的空间布局与建筑风貌，有效反映陕北地区明末至民国时期的民居特征。

（2）记录。现今，复杂的产权人、使用者和租用者构成了“共用＋私用”的生活模式。在大多数居民的心理认知和生活行为中，一个围合的院落或几个邻近且相互联通的院落被视为一个空间单位，居民之间形成互助共存的关系。以中庭为中心的居住模式不仅界定了空间实体，还使院落居民在心理层面更为亲密，构成一个生活“共同体”。正如“建筑是生活的容器”，本书的一个重要目标是记录传统建筑在新时代下的功能与意义。

（3）展望。提升历史街区居住品质是实现包容性增长和共同富裕的有效途径。期待米脂窑洞古城建成民生福祉完善、邻里关系和谐的住区。通过建立健全传统院落的定期维修与保护制度，改善居住环境，形成“为民所想、为民所用”的古城保护与发展模式。

目录
Contents

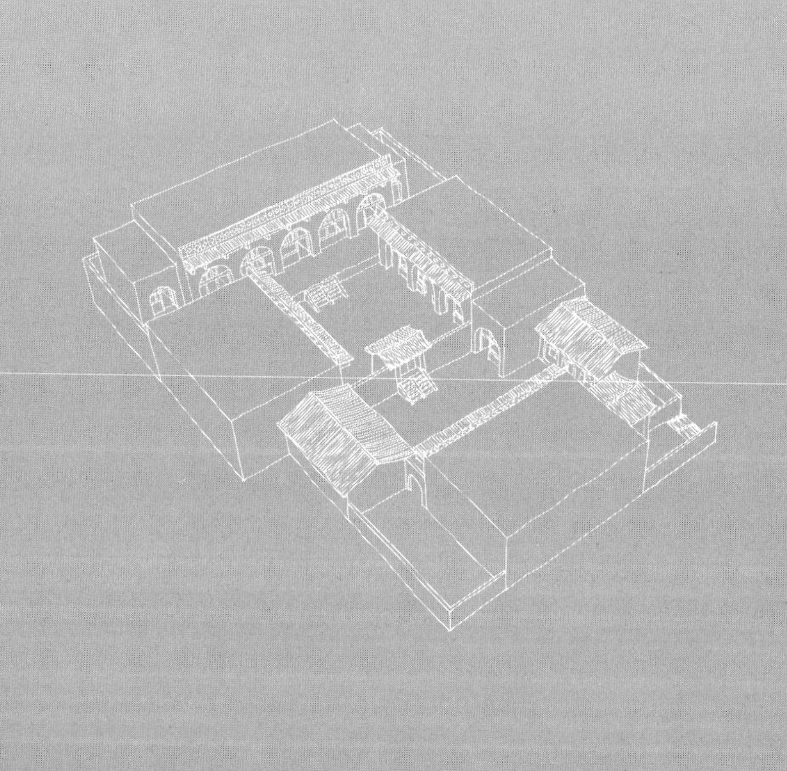

第 1 章

绪 论

1.1 研究背景

1.1.1 黄土高原与窑洞

1. 黄土高原

黄土高原位于北纬33°41′~41°16′，东经100°54′~114°33′，海拔范围为800~3000m。其南北距离约800km，东西距离约1300km，北起长城，南至秦岭，西抵贺兰山，东达太行山，总面积约64.87万km^2，占中国国土面积的6.67%。该区域地处内陆，气候干燥，黄土层厚度为40~200m。

黄土高原地貌以丘陵和高原为主，地势总体呈现西北高、东南低的特点，地形从平原向高原、山地过渡（图1-1）。黄土结构疏松，裂隙较多，植被覆盖率低，在降水集中季节易受侵蚀，面临着较为严重的水土流失问题。根据地貌形态，黄土高原可分为黄土塬、黄土梁和黄土峁三类。

黄土塬是黄土高原上最平坦、开阔的地形，类似于高原上的小平原。它由连续的黄土层覆盖在基岩之上形成，多位于河流上游，地势较高。黄土塬面积较大，顶部平坦，边缘陡峭，呈台地状，局部因侵蚀形成沟壑。塬面土壤肥沃，是重要的农业生产基地。黄土梁是长条形高地，因风力和水流侵蚀切割而成。其长度远大于宽度，两端渐窄，顶部平坦，侧面陡峭。黄土梁之间的沟壑称为“冲沟”，进一步加剧了黄土高原的地表分割。黄土峁为独立的黄土丘陵，横剖面呈椭圆形或圆形，顶部平缓略凸，四周坡度陡峭，高度从几十米至几百米不等。其形成源于强烈的水力侵蚀，将黄土层切割成孤立丘陵。黄土峁顶部平坦，周围被深沟环绕，形成明显的高地与低地对比。

黄土塬、黄土梁和黄土峁共同构成了黄土高原复杂多样的地貌景观，深刻影响着当地的生态环境、农业生产及人类文化活动。本书研究的米脂县位于黄土高原丘陵沟壑区，地表破碎，植被稀疏，峁梁交错，沟壑纵横。

米脂窑洞古城地貌

宁夏回族自治区地貌

图1-1 黄土高原地貌

2. 窑洞的分类与使用现状

窑洞是中国黄土高原地区特有的传统居住形式，尤其在陕西、山西、河南等地已有数千年历史。其独特的建筑风格是劳动人民长期适应黄土高原地形、地貌和气候的结果，体现了民间建造智慧。

许多学者认为，窑洞起源于石器时代的穴居形式。最初的穴居是祖先为躲避恶劣天气或野兽侵袭而挖掘的土穴。尽管窑洞的建造方式和外观随材料与技术进步逐渐多样化，但其原始空间形态得以延续。《周易·系辞传》记载“上古穴居而野处”，《博物志》亦有“南越巢居，北朔穴居，避寒暑也”的描述。人工穴居始于旧石器时代，利用黄土的可塑性凿土成穴，逐渐演变为窑洞。距今约 6000 年的半坡文化、5000~6000 年的仰韶文化及 4000 年的龙山文化中，均可见窑洞文化的痕迹。例如，淳化县石桥乡引安村发现的 5000 年前的穴居遗址，呈阶梯状分布，其中第 7 层台阶地发现至少 11 孔窑洞，推测为当时部落氏族群居的栖息地[2]。

早期的窑洞除了对地形进行挖掘的建造形式外，也有将黄土作为主要建筑材料采取夯土及土坯砖的形式进行建造的案例。黄土质地柔软，易于挖凿，干燥后表面坚硬光滑，可作为建筑外立面保护内部空间。窑洞不仅与自然环境共生，利用材料的蓄热性能实现“冬暖夏凉”，还具有经济环保的特点。然而，窑洞的孔穴状空间难以满足现代生活需求，导致“弃窑建房”现象普遍，许多聚落在居民自主改建中逐渐丧失原有风貌。

根据居住空间与地形的关系，窑洞可分为下沉式、靠山式和独立式。下沉式和靠山式窑洞沿墙面或崖面向内挖掘建造，与此相对的是，独立式窑洞（箍窑）是在地面上使用建筑材料建造而成，屋顶填充黄土，具有优良热工性能的人工穴居（图 1-2）。我国窑洞民居主要分布于甘肃、陕西、山西、河南等地，按地理位置可分为陇东、陕西、晋中、豫西、河北和宁夏六大窑洞区。其中，靠山式窑洞最为常见，广泛分布于各大窑洞区；下沉式窑洞主要见于渭北、晋南、豫西和陇东；独立式窑洞较少，主要分布于陕北、晋中和宁夏窑洞区[2]。

1）下沉式窑洞

下沉式窑洞，又称“地坑窑”或“地坑院”，主要分布于地势平坦的河川平原地区。由于缺乏山坡或垂直边崖可利用，窑洞聚落在塬上平台扩展，多呈棋盘式布局。居民利用黄土垂直边坡的稳定性，向下挖掘方形地坑，形成四壁闭合的地下四合院（又称天井院），再向四壁水平挖掘窑洞[3]，呈现出“上山不见山，入村不见村；院子地下藏，窑洞土中生”的独特景观。建成后的院落相互独立，主要依靠中庭实现采光和通风。

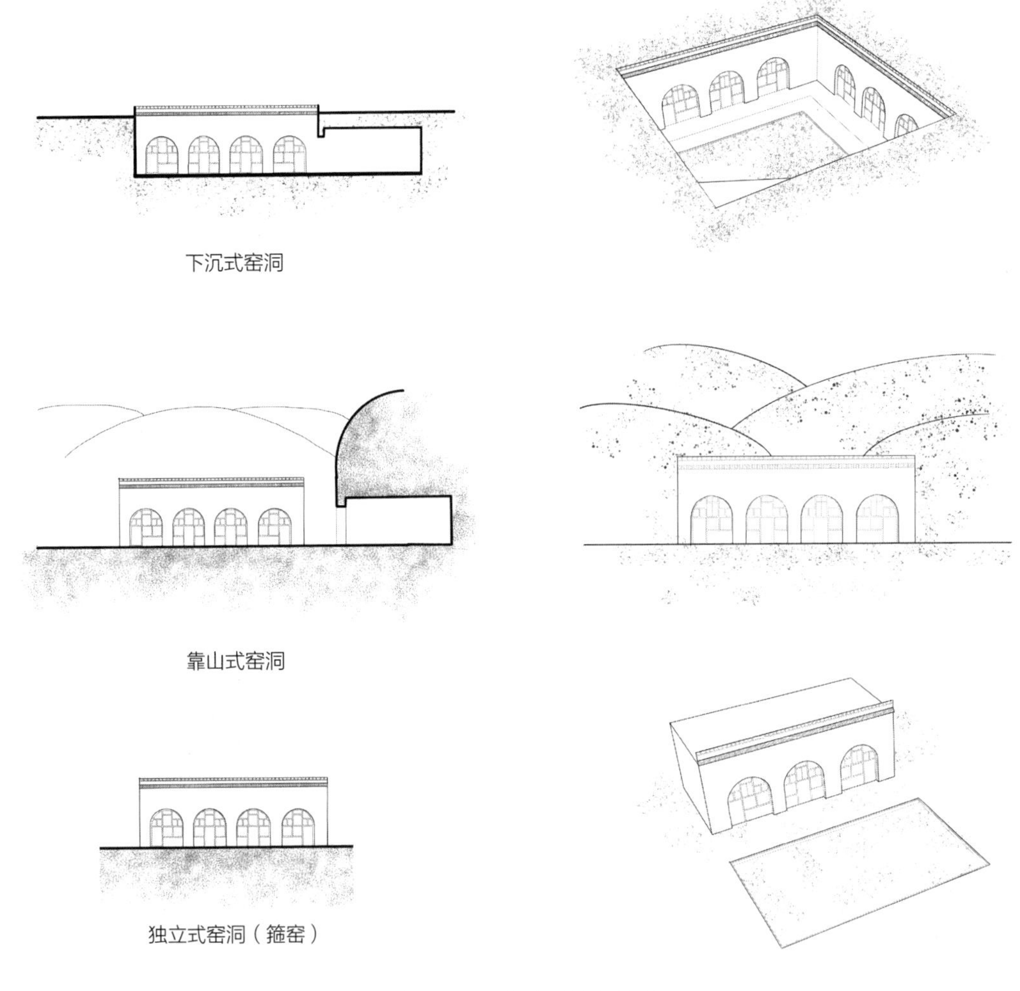

图 1-2　窑洞的基本分类示意图

下沉式窑洞多见于关中及渭北地区。以西安近郊柏社村为例（图 1-3），研究表明该地区地坑窑庭院尺寸主要为 9m×9m 和 9m×6m 两种[4-10]。建造时，村民从庭院一角开始挖掘，先形成深约 5m 的纵向中庭作为庭院空间，再设置台阶或坡道作为入口通道，最后沿中庭墙面挖凿 2~3 孔窑洞作为居住空间。挖出的黄土通常覆盖于窑顶，形成缓坡以利于排水。

下沉式窑洞聚落以其独特的建筑风貌具有重要的保护和抢救价值。然而，随着生活水平的提高，除少数院落以农家乐形式得以保留外，许多地坑院逐渐被废弃、回填或改建，令人遗憾。

2）靠山式窑洞

靠山式窑洞，又称靠崖窑，多见于干旱少雨的山区。其院落通常沿等高线呈带状

图 1-3 柏社村地坑院

分层分布，下一层窑顶常对应上一层的庭院。为增强耐久性，窑洞立面多采用石材或砖砌筑。在实际调研中，洞口处常以石材或砖搭建进深约 1m 的拱形空间，与内部窑洞相连，这种形式被称为“接口窑”。有学者认为，接口窑是介于靠山式窑洞与独立式窑洞之间的过渡形态。与普通靠山窑相比，接口窑不仅增加了进深和可利用空间，还提升了排水性能和立面耐久性（图 1-4）。

图 1-4 米脂窑洞古城靠山窑案例照片

3）独立式窑洞

独立式窑洞，又称箍窑，是一种独立建造的覆土建筑，对地形要求较低，可与其他建筑类型灵活组合（图 1-5）。根据结构材料的不同，独立式窑洞可分为土坯窑、砖窑和石窑。其中，土坯窑较为少见。笔者在宁夏回族自治区周边调研中发现，由于缺乏木材和石材，当地居民将黄土加工成土坯砖用于建造窑洞。然而，米脂县自明代末期便有石窑洞的记载，直至民国时期，石窑洞一直是当地主要的居住建筑类型，未见土坯窑的相关记录。此外，1960 年后，米脂窑洞古城修建了大量单位家属院，多为以

图1-5 米脂窑洞古城独立式窑洞案例照片

红砖为主要材料的独立式窑洞。

由于采光和通风条件较差，加之冲水马桶和天然气设备难以安装，窑洞住居常被视为贫穷和落后的象征，居住人数逐渐减少。随着城镇化进程加快，独立式窑洞被利用率更高的建筑形式替代，乡村地区也普遍出现“弃窑建房”现象。出现这一现象的原因主要有两方面：一是精准扶贫政策的实施，政府对存在安全隐患的窑洞提供经济补贴并组织统一搬迁；二是居民对现代居住模式的追求，选择在其他地点新建住宅。然而，针对具有历史文化价值的村落，当地政府和相关部门也采取了保护措施。例如，米脂县以杨家村、姜氏庄园为代表，通过整修村貌和重新规划产业布局，已初步形成以旅游带动发展的良好模式。

3. 窑洞对黄土高原地区的环境适应性

窑洞作为黄土高原地区特有的居住形式，其设计和建造充分体现了对当地自然环境的高度适应性，是居住空间与自然环境和谐共生的智慧结晶。具体表现为以下三个方面：

1）对自然环境的适应与改造

黄土高原属温带大陆性气候，冬季寒冷干燥，夏季炎热多雨。窑洞利用黄土热容量大、导热系数低的特点，有效抵御极端气候影响，提升居住舒适度。夏季，窑洞内部温度低于外部，成为天然避暑场所；冬季，窑洞则能保持温暖，减少人工取暖需求。这种自然的保温性能不仅节省能源、降低生活成本，还减少了对环境的影响。

2）建造的经济性

黄土高原植被稀疏，木材等建筑材料稀缺，但深厚的黄土层质地细腻且抗压强度高，为窑洞开凿提供了理想条件。下沉式和靠山式窑洞的主要材料为黄土本身，无须大量外购，既节省成本又减少环境破坏。建造窑洞不需要复杂的建筑材料，主要依靠人力和简单的挖掘工具，如铁锹、锄头等，对专业技术和设备的需求较低。窑洞的开挖过程主要包括选址、测量、挖掘、加固和装饰等步骤，这些工序相对直观且易于掌握。窑洞的建造通过当地居民口耳相传的方式，形成了成熟且有效的建造方法。即使是采用砖石结构的独立式窑洞，也多就地取材，具有运输费用低、节约木材、造价低廉、施工简便等优势，这是窑洞在乡村地区长期存在的重要原因。

此外，窑洞的日常维护相对简单，主要涉及清理排水沟、修补裂缝和加固结构等，这些工作同样不需要复杂的技术。一旦出现较大的损坏，修复工作也可以就地取材，利用周边的黄土进行填充和加固，对特殊材料和技术的依赖性较低。相对于砖木结构的房屋，窑洞的维护成本较低且自然寿命更长。民间俗谚中有“千年古槐问老窑”之说，虽然有夸张的成分，但足以说明窑洞居住时间之长。曾被媒体争相报道的薛仁贵曾经居住的窑洞，目前依然保存着建设初期的雏形，距今已经有 1300 年的历史。

由于窑洞建造主要依赖于当地资源，建设和维护成本较低，这使得它成为一种经济实惠的居住选择。此外，窑洞的寿命长，能够持续几十年甚至更久，减少了频繁重建的需求，体现了可持续发展的理念。

3）对生活模式的适应性

窑洞空间相互独立，便于功能划分，除居住外，还可作为牲口窑、储藏窑、厨窑等，适应农家生活需求。窑洞内温湿度适中，适合储存蔬果，不易变质。在米脂和佳县一带，人们还在背阴面建造石窑用于储存肉类，米脂窑洞古城中也发现正窑后方专门用于储物的窑洞，体现了窑洞功能的多样性（图 1-6）。

窑洞不仅是黄土高原地区的特色住居，还被视为一种减灾建筑。地坑院和靠山窑

图 1-6　背阴处和院落入口的储藏窑

因土层厚实，具有防空、防火、防震的特性。窑洞的土体或砖石结构使各孔洞相对独立，即使一孔发生火灾，也不会波及邻窑或损坏主体结构，从而有效降低火灾损失。

清乾隆年间的《延长县志》记载："凡窑必筑炕，饮食卧起俱焉，不唯陶复陶穴，犹留古风，而冬暖夏凉，不虞火灾，亦胜算也。"此段文字引自清初地理著作《读史方舆纪要》（作者顾祖禹），描述了窑洞的生活场景与特性。黄土高原地区的窑洞内几乎每户都建有土炕，土炕不仅是就寝的场所，也是家庭生活的中心，家人常围坐其上吃饭、聊天。"陶复陶穴"指窑洞模仿原始穴居的建造方式，体现了古老居住习惯的传承，反映了人类早期对自然环境的适应智慧。窑洞因黄土的隔热作用，内部温度稳定，冬暖夏凉，提供了舒适的居住环境。"不虞火灾"则强调了窑洞的防火特性，因其由不易燃的黄土构成且与外界隔离，火灾风险较低，居住安全性较高。

由此可见，窑洞在环境适应性和居住安全性方面具有显著优势。它不仅是黄土高原地区的独特建筑形式，更是劳动人民与自然和谐共处的生活哲学的体现。然而，随着城乡一体化发展，人们对生活品质的要求不断提高。尽管窑洞在减灾和环境舒适度方面具有诸多优势，但其采光、通风及对现代设备的适应性较弱。因此，需结合传统窑洞的建筑特征，加以改进和创新，以满足现代人的生活需求。

1.1.2 米脂窑洞古城概述

米脂县位于陕西省榆林市，总面积 1212km^2，人口 23.2 万，是革命老区和国家扶贫开发重点县之一。米脂窑洞古城位于县城核心区域，坐落于盘龙山、文屏山和东沟之间，无定河流经其西侧，银河与饮马河穿城而过，形成"三水环抱"的独特地理格局。

米脂窑洞古城作为县治所在地已有近千年历史，始建于北宋，初名惠家砭。宋太宗时期筑毕家寨，宝元二年（1039 年）更名为米脂寨，崇宁四年（1105 年）改称米脂城。金末元初设立米脂县，至今已有 790 多年历史。米脂属黄土高原温带半干旱气候区，降雨量少，气候干燥，冬长夏短，四季分明，日照充足。受黄土高原地形、地貌和气候影响，米脂传统民居以窑洞为主，具有取材方便、修建简易、造价低廉、经久耐用等优点。古城内现存靠山式窑洞和明代以来建造的独立式窑洞（箍窑）构成的建筑群。目前，米脂窑洞古城未经历大规模改建和开发，仍保留着各朝代的痕迹。通过实地调研解析窑洞住居现状，明确居民诉求和未来社区发展方向，对历史文化名城保护和社区建设具有重要意义。

本书选择米脂窑洞古城作为研究对象，原因如下：

历史文化价值：米脂窑洞古城现存民居多建于明末至民国时期，具有较高的文化和历史价值。尽管历经战争和社会运动，多次修缮和改建，但其道路和聚落肌理仍保持清代基本布局。分析其聚落及建筑特征，有助于制定合理的保护与更新策略。

社会学研究价值：米脂窑洞古城未经历大规模开发，四合院所有权虽被分割，但仍作为住宅使用。居民在长期互助合作的生活模式中形成了集体和社区意识，现今“大杂院”的使用和维护模式具有较高的社会学研究价值。

1.1.3 从四合院到大杂院

四合院以中庭为中心展开的院落结构，是中国传统生活模式与家庭观念的空间映射（图 1-7）。在米脂窑洞古城，四合院主要由独立式窑洞和砖木结构房屋构成。本书将窑洞作为“正房”的院落定义为“窑洞四合院”。

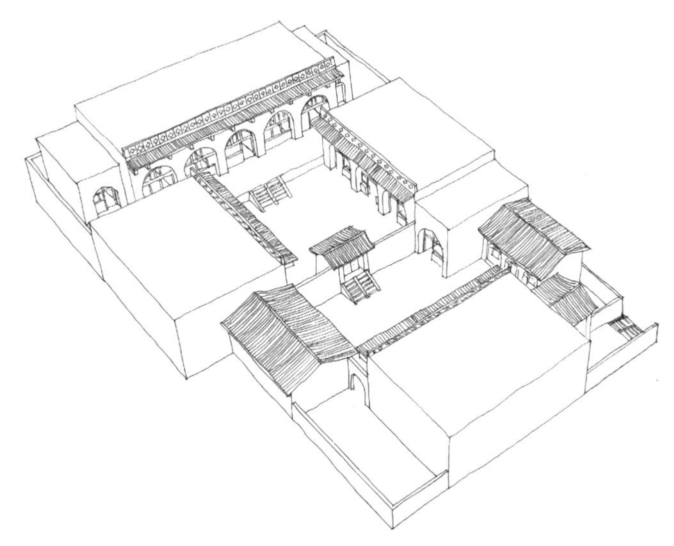

图 1-7 四合院鸟瞰图

近年来，随着城市化进程加快，大量外来人口涌入城市。原本一个大家族居住的院落逐渐变成了多个家庭互助共享、共同居住的“大杂院”。在北京四合院的实例中，由于在四合院中搭建了过多不合规范的简易房屋，四合院的肌理和功能退化，一些区域被划分为“棚户区”，这些地区的院落往往在治安和卫生等方面存在诸多隐患。

类似情况也出现在米脂窑洞古城。为适应院内家庭数量的增加，居民对四合院进行了增改建，导致传统居住模式逐渐解体。如今，多个无血缘关系的家庭共用中庭和厕所，一个家庭居住于一孔窑洞或一间房屋的现象较为普遍。本书将这种因社会发展，传统住宅由单一家族居住变为多个无血缘关系家庭共同居住，且房屋所有权随空间利用模式改变而分割的现象定义为“杂院化”（图 1-8）。

图 1-8 杂院化后的窑洞四合院

1.2 本书相关的既往研究

中国的窑洞因《没有建筑师的建筑》一书中 4 张照片而被世界所知。1957 年刘敦桢先生所著的《中国住宅概说》[11] 中将窑洞作为中国传统住宅的一种，对其分类及分布进行了说明。侯继尧先生等于 1989 年出版的《窑洞民居》[12] 中依据大量窑洞聚落的照片和实例，进一步明确了中国窑洞的分类和分布。此后，周若祁先生在 1997 年进行了通过设计手法和设备来改善窑洞住居生活环境的实验性项目，设计并修建了 182 孔新型窑洞。与传统窑洞相比，采光和通风效果得到保障的同时，随着天然气和冬季集中供暖的导入使村民生活更加便利 [13]。西安美术学院的吴昊教授执笔的《陕北窑洞民居》[14] 中涵盖了多栋建筑的照片和手绘，从美学的观点探讨了窑洞四合院的空间构成、装饰纹样和传统的家具样式。此外，由米脂县政协文史科教委员会编著的《米脂窑洞——米脂文史之七》[15] 中，详细记载了米脂窑洞古城的历史和当地居民的生活习俗。

以四合院为主题的研究中，北京四合院相关的著作和研究数量最多。《中国民居建筑丛书——北京建筑》[16] 由北京工程大学业祖润教授执笔，通过多个案例详细阐述了北京四合院的历史和空间构成的特征。与米脂窑洞古城距离相近的平遥古城中也分布着大量的窑洞四合院，为了对两地的院落进行对比研究，本书参考了由天津大学宋昆教授主编的《平遥古城与民居》[17]，书中从建筑学的视角出发，对大量的院落进行了详细测绘，从平遥古城的聚落构成到四合院的平面构成都以具体的案例进行了详细说明。此外，作为陕西关中四合院典型代表的党家村的相关论著和研究也是本书的重要参考，其中日本九州大学的青木正夫先生、原西安建筑科技大学周若祁先生合作调研之后完成的《韩城村寨与党家村民居》[18] 使笔者备受启发。书中基于测绘和实景照片系统地分析了党家村的聚落结构和四合院的空间构成特点，并对传统的家具样式和居民的生活模式进行了分析和研究。

1981 年日本的窑洞考察团来华，以下沉式窑洞为主要研究对象，其中比较知名的研究者有青木志郎先生、八代克彦先生和栗原伸治先生。青木先生主要对窑洞的建筑单体形态、空间类型和使用模式进行研究，并指出窑洞建筑优势在于就地取材、不需要过高建设技术的特点，使其可以仅依靠家庭成员而进行建造，而其劣势也在于采光与通风只能依靠正面，在同一个宅基地进行重建或扩建的难度较高 [19]。八代克彦先生等则聚焦于下沉式窑洞，对其构成要素、中庭空间逐年变化的区域性特征、住宅选址与宗族关联性等进行了分析和解读 [20-22]。栗原先生等侧重于窑洞的具体形态特征、材质、平面构成和功能特点的解读，并将中国窑洞定位为“洗练”的穴居，认为其蕴含着当地人的建造智慧 [23-25]。其他关于四合院的国外研究有：关于北京四合院随着商业旅游开发而带来的院落布局及功能的变化 [26]；北京四合院逐渐演变为大杂院后共同居住的情况和人居环境改善的可能方向 [27]；以洛阳郊外四合院为研究对象，探索聚落结构随着家族发展的变化过程 [28-30]。

综上所述，既往研究对北京、晋中、关中等地四合院的聚落结构、院落形态及单体特征进行了全面考察，同时海内外研究者也以下沉式窑洞为代表，从分类分布、建设模式及宗族关系等角度对窑洞住居进行了深入解读。本书在既有研究基础上，试图探讨当今社会背景下，地处偏远县区的窑洞四合院所蕴含的社会生命力与现实意义。

1.3 本书的研究目的

通过长期观察与调研，笔者认为米脂窑洞古城现有的四合院适应居民需求，具有重要的社会、文化和历史价值。然而，目前尚未有对米脂县窑洞四合院空间构成特征及利用模式的系统性研究。为合理保护和活化古城与历史建筑，必须深入理解现有建筑的特征与意义，精准把握“杂院化”后的使用现状，并提出应对完整社区建设的提升策略。

本书围绕米脂窑洞古城提出以下两个课题：

1. 米脂窑洞古城四合院的建筑特征

窑洞住宅形式的发展与演变：总结米脂窑洞古城现有住宅形式，推演窑洞聚落的发展演变过程，探讨窑洞民居随社会发展的变化，解析米脂窑洞古城四合院建设的社会与文化背景。

米脂窑洞古城四合院的建筑学特征：四合院作为中国传统住宅院落的典型代表，映射了传统的家庭观和阶级观念，广泛分布于全国各地。米脂窑洞古城四合院则是窑洞文化与四合院形制融合的产物。本书通过与其他地区四合院的对比，挖掘米脂窑洞古城四合院在空间构成上的独特性，并从建筑单体结构、构造和环境性能三个方面进行分类与解析。

2. 米脂窑洞古城四合院演变为大杂院之后的利用模式及其现实意义

1）多个家庭共用模式的解读

目前，大多数米脂窑洞古城四合院中居住着多个家庭，一个家庭使用一间房屋或一孔窑洞的现象较为普遍。本书将从“杂院化”居住的视角，解读米脂窑洞古城四合院中居民的生活模式，探讨其社会意义。

2）四合院到大杂院的增改建过程

随着居住人口增加，居民根据自身需求对四合院进行了增建和改建。本书基于古城现状、历史资料及实地调研结果，整理增改建的时间、内容及原因，明确米脂窑洞古城四合院“杂院化”进程的特点。

1.4　研究方法

本书基于《米脂县志》和政府提供的资料，对现存民居进行了实测，并对居民进行了访谈和问卷调研。依托米脂县文化和旅游文物广电局提供的古城地图，团队成员分别于 2018 年 10 月、2019 年 1 月、2019 年 9 月和 2023 年 6 月进行了四次调研。研究方法和工作内容总结如下：

1. 相关资料和文献的收集与整理

首先，收集窑洞住宅和四合院相关的资料与论文，按年代和地域进行分类整理。其次，整理米脂县人民政府网站公开信息，包括“十四五”规划中关于古城开发以及人居环境提升的政策、意见和工作报告。

2. 米脂窑洞古城现有图纸的修正

米脂县文化和旅游文物广电局现有的古城图纸制作于 2007 年，后续保护规划中未作更新。为更准确反映古城聚落和四合院现状，团队基于实地调研和测绘，对古城总平面图进行了修正。增添之前未记录的街巷，标注各个院落的边界范围，在确认各个院落的保存状况的基础上，选取调研院落。

3. 住户内的访谈和测绘

选取靠山式窑洞、窑洞四合院、单位家属院（箍窑）共计 47 个院落 272 户进行访谈调研，主要的调查内容包括：①居民家庭构成和年龄；②来古城中居住的缘由和未来定居意向；③目前的生活模式、住宅的改修过程和将来的改修意向。此外，对各个院落进行测绘，记录增建和改建情况，尽可能复原出初建时的院落布局。

全书共分为 6 章，第 1 章为全书的绪论，介绍了本书的研究背景、既有相关研究、本书的研究目的等基本信息。第 2 章和第 3 章主要对聚落发展和建筑特征进行研究，明确米脂窑洞古城的聚落变迁历史以及构成四合院的单体建筑的结构、构造和使用模式。第 4 章主要分析和研究四合院的人口结构、所有权归属和使用现状，通过田野调查、问卷调研和访谈获取信息，结合建筑计划学、行为学和社会学的分析方法，解析目前米脂窑洞古城的社区构成模式和社会价值。第 5 章对调研和测绘的院落进行汇总和整理。第 6 章对全书进行总结，并对米脂窑洞古城的保护和发展提出了建议。

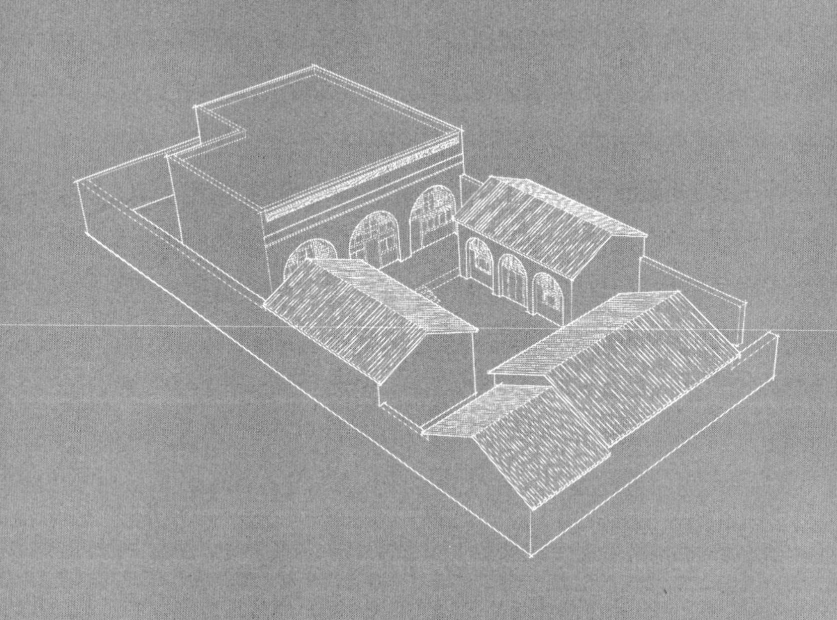

第 2 章

米脂窑洞古城的聚落发展

本章通过对史料中关于米脂窑洞古城的历史记载进行梳理，并结合实地调研、测绘和访谈结果，全面总结了现有院落构成和使用模式，并深入分析了其从宋代至今的聚落发展演变历程。

2.1 米脂窑洞古城现状

2.1.1 米脂窑洞古城基本信息

米脂窑洞古城，这座始建于北宋初年的千年文化名城，坐落于南北通衢要道与无定河交会处，依山傍水，北靠盘龙山，南临金堰河，地理位置得天独厚。中央美术学院靳之林教授曾赞誉米脂古城为“中华民族之瑰宝”，这一评价不仅彰显了其深厚的历史文化价值，也肯定了其在中国古代聚落与建筑史上的重要地位。作为历史上的重要货物交易据点，米脂窑洞古城曾吸引了众多富商居住，同时也是李自成、杜斌丞等历史名人的故乡，为这座古城增添了浓厚的人文色彩。

随着社会经济的发展与人口的增长，米脂窑洞古城的范围逐步扩大，从最初的宋元古城扩展至明清古城，又兴建了民国古城，形成了现今三套古城的总体格局。本书关注的明清古城东西跨度约 0.93km，南北跨度约 0.8km（图 2-1），是米脂窑洞古城中保存最为完好的部分。历经数百年的风雨沧桑，米脂窑洞古城较为完好地保留了明清时期的基本风貌，被誉为陕北先民生活场景的“活化石”。米脂窑洞古城内的石铺街巷纵横交错，商业古街店铺林立，展现了古代商业繁荣的景象。民居以“明五、暗四、六厢窑”式窑洞四合院为主，这种建筑形式不仅适应了黄土高原的自然条件，也体现

图 2-1 米脂窑洞古城航拍图
（米脂县文广局提供）

了古代工匠的智慧与创造力。其中，高家、杜家、常家、冯家、艾家等明清窑洞四合院布局巧妙、工艺精湛、装饰考究，在全国范围内具有典型性，是研究中国古代民居建筑的重要实物资料。

2008 年，米脂窑洞古城被列为第五批陕西省文物保护单位，进一步确认了其历史与文化价值。2012 年，古城老街被文化部和国家文物局评为“中国历史文化名街”，这一荣誉不仅提升了米脂窑洞古城的知名度，也为其保护与利用提供了新的契机。2015 年，米脂窑洞古城保护管理所成立，标志着古城的保护工作进入了全新的发展阶段。通过科学规划与系统保护，米脂窑洞古城的历史风貌与文化价值得以更好地传承与弘扬。

现今的米脂窑洞古城，不仅是一座保存完好的历史文化名城，更是一个充满活力的生活社区。古城内不仅保留了以居住功能为主的传统四合院，还分布着多种功能设施，形成了一个集居住、行政、教育、商业和服务于一体的综合性聚落。这种多元化的功能布局，既延续了古城的历史风貌，又满足了现代生活的需求，展现了传统与现代的和谐共存。米脂县文化和旅游文物广电局古城保护管理所等行政机构位于古城内，负责古城的保护与管理工作，确保古城的历史风貌与文化价值得以传承。此外，县立幼儿园和中小学等教育设施也为古城居民提供了便利的教育资源，使古城不仅是历史的见证，也是未来发展的摇篮。

沿县道建设的百货店、旅馆等商业设施，以及公共卫生间、洗浴中心等服务设施，为古城居民和游客提供了便利的生活条件。售卖当地著名小吃“馃馅”的烘焙店和日用品小店遍布古城巷道，许多店铺利用四合院的倒座房作为营业空间，既保留了传统建筑的形式，又赋予其新的功能。这种灵活的空间利用方式，不仅提升了古城的经济活力，也增强了居民的生活便利性。

目前，米脂窑洞古城的保护政策以维持现状为主，居民可根据需求修缮建筑或引入设备，但大型改建、拆除和新建需经相关部门审批。这一政策既尊重了居民的生活需求，又确保了古城的历史风貌不被破坏。

2.1.2 街巷利用

米脂窑洞古城的道路布局是其独特地理环境与历史发展的产物，展现了古代聚落规划的智慧与适应性。古城以东南西北四条大街为主骨架，儒学巷、石坡和寺口巷等 13 条小巷分布两侧，形成了“两山围三水、四街串古韵”的整体格局。古城内的地面以石板和石片铺设，根据地势坡度或平铺或竖铺，风格古朴且富有趣味。

米脂古城的道路布局大概可以分为“大街”“巷（或湾）”“路”三个等级

图 2-2　米脂窑洞古城现有土地利用

(图 2-2)。与北京或者西安这种典型的网格型城市不同，依山而建的米脂窑洞古城的道路划分主要以等高线为基本网格展开。图 2-3 中将清朝乾隆年间(1736—1795 年)的道路布局与现状进行对比后发现，大街和巷的构成在近 300 年间没有发生大的变化。根据《米脂县志》记载，“东大街”“西大街”和“北大街”三条级别较高的通道从明代开始就是古城的重要干道，店铺和住宅沿着主要干道分布。“巷”大多数为南北走向，连接大街和山顶。从聚落的发展过程可以推测，“巷”是宋朝聚落形成初期连接靠山式窑洞和沿河平坦地区农田的道路。“路”是区域内部再划分时产生的内部道路，大多数“路”没有既定的名称且断头路较为常见。

古城内道路整体较为狭窄，车辆通过较为困难，却为居民提供了丰富的公共空间。道路不仅是居民日常通行的路径，也是短时间停留或周末自由市场的场地(图 2-4)。

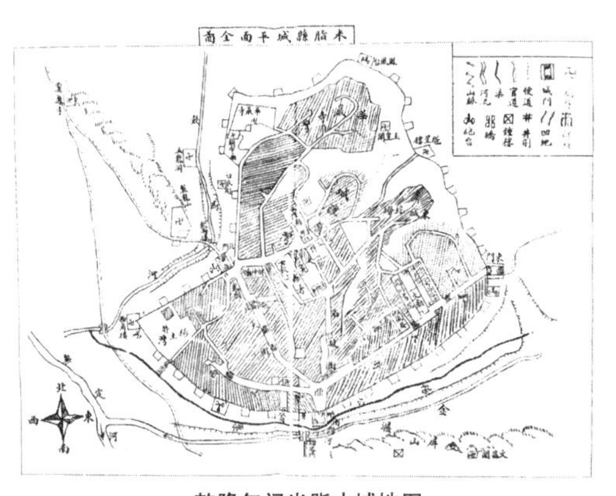

乾隆年间米脂古城地图

米脂縣城圖

中华民国年间米脂古城地图

图 2-3　古城历史地图

（图片来源：《米脂县志》）

图 2-4　米脂窑洞古城的街巷利用

2.1.3　古代建筑

米脂窑洞古城曾是多个部落和民族汇聚之地，其独特的地理位置与多元的文化背景，使其成为陕北地区的重要历史节点。由于历史上多次战乱，加之建筑的自然老化，古城聚落未得以完整留存。目前古城附近有盘龙山古建筑群，城内现存建筑有华严寺、常平仓和文庙等。

1. 盘龙山古建筑群（李自成行宫）

盘龙山古建筑群，原名真武庙（俗称祖师庙），始建于明成化年间，是米脂窑洞古城中一处历史悠久、文化底蕴深厚的古建筑群（图 2-5）。明崇祯十六年（1643 年），李自成在西安建立大顺朝后返乡，曾在此停留，因此后世又称其为“李自成行宫”。2006 年 5 月，盘龙山古建筑群被国务院列为第六批全国重点文物保护单位。建筑群内设有米脂县博物馆，2009 年被国家文物局评为三级博物馆，馆藏文物 935 件，主要包括李自成纪念馆，并设有“李自成评述馆”“东汉画像石精品展”和“米脂婆姨史迹展”等专题展览，全面展示了米脂地区的历史文化与民俗风情。

盘龙山古建筑群位于古城最北端柔远门外的盘龙山南麓，占地 11400m^2，建筑面积 4600m^2。建筑群依山而建，远望如巨龙腾飞，气势雄伟，体现了中国古代建筑与自然环境的和谐统一。建筑群的布局以南北轴线和东西轴线为核心，南北轴线自南向北依次为二天门、玉皇阁、钟鼓楼、木牌坊、兆庆宫和启祥殿；东西轴线自西向东依次为乐楼、梅花亭、捧圣楼和石牌坊。这种严谨的轴线布局不仅体现了传统建筑的对称美学，也反映了古代礼制与宗教文化的深刻影响。

盘龙山古建筑群在历史上经历了多次扩建与修缮。乾隆四十三至五十六年（1778—1791 年）进行了大规模扩建，光绪十五至二十一年（1889—1895 年）又进行了复修。中华人民共和国成立后，由于保护方法欠妥，建筑群曾局部受损，后经政府专款修复，现已成为米脂县著名的旅游景点。如今的盘龙山古建筑群不仅是西北地

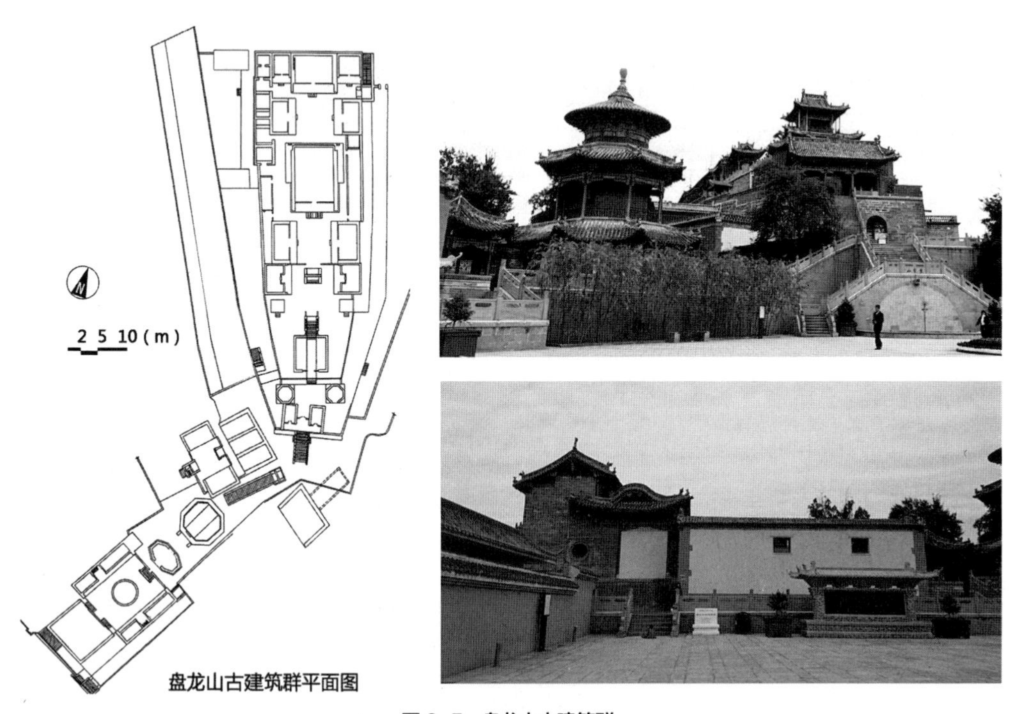

图 2-5　盘龙山古建筑群

（图片来源：平面图根据《米脂县志》改绘，照片为作者自摄）

区保存较完整的明清古建筑群，也是现存有关大顺帝李自成的重要文物历史遗迹，具有极高的文化、历史与艺术价值。

作为一处集宗教、历史、文化于一体的古建筑群，盘龙山古建筑群不仅是米脂窑洞古城的标志性建筑，也是研究明清建筑艺术与地方历史的重要实物资料。其独特的建筑风格、丰富的历史内涵以及深厚的文化底蕴，吸引了众多游客与学者前来参观与研究。

2. 华严寺

华严寺坐落于凤凰岭西南部的山坡上，是一处历史悠久、建筑风格独特的古寺遗址（图 2-6）。据文献记载，华严寺始建于元至正年间（1341—1368 年），初建时规模宏大，包括正殿、无量佛殿、地藏王殿、西庑等共 18 间建筑，展现了元代佛教建筑的辉煌与庄严。在随后的数百年间，华严寺经历了多次修葺，其中明嘉靖三年、宣德七年以及清康熙、同治年间均进行了较大规模的修缮，使其得以保存至今。如今的华严寺现存部分呈二进式四合院布局，占地 1905m^2。尽管寺院原有的宗教功能已逐渐淡化，但其建筑格局依然清晰可见。

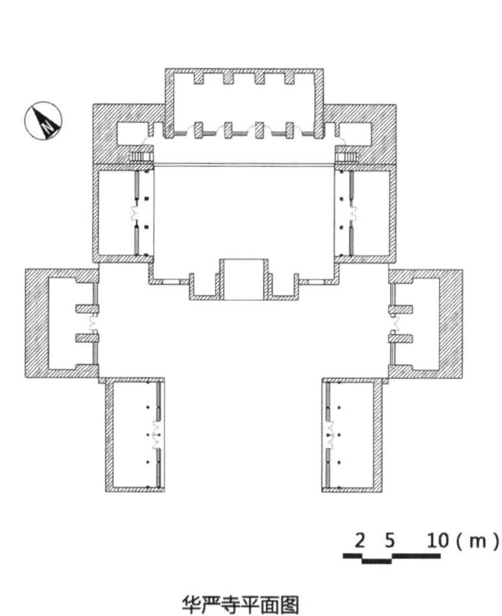

图 2-6 华严寺

（图片来源：平面图根据《米脂县志》改绘，照片为作者自摄）

华严寺的正房为二层“下窑上房”楼阁式建筑，下层为五开间窑洞，上层为硬山顶砖木结构房屋。这种设计充分利用了地形特点，既保留了窑洞冬暖夏凉的环境特性，又通过上层的砖木结构房屋增加了使用面积，体现了古代工匠的智慧与创造力。上院的东西厢房均为硬山顶砖木结构建筑，其屋顶形式简洁大方，与正房的楼阁式建筑形成了鲜明的对比。下院的厢房则部分为窑洞，部分为砖木结构房屋，这种混合式布局不仅丰富了建筑的形式，也适应了不同的功能需求。

在未来的保护与利用中，华严寺应注重对其历史价值与文化意义的挖掘与传承。通过科学修复与合理规划，华严寺不仅可以成为研究古代建筑与地方历史的重要基地，也可以作为文化旅游资源，为当地经济发展与文化传播注入新的活力。

3. 常平仓

最初，常平仓作为元代的重要粮仓，承担着调节粮价、保障民生的职能（图2-7）。明代时，它被改为预备仓，清代又恢复为常平仓，民国时期则改为征收粮赋院。据《汉书·食货志》记载：“边郡背筑仓，以谷贱时增其价而籴，以利农，谷贵时减价而粜，名曰常平仓。”1912—1939年，它作为国民政府第二科财政所使用；1940—1942年，

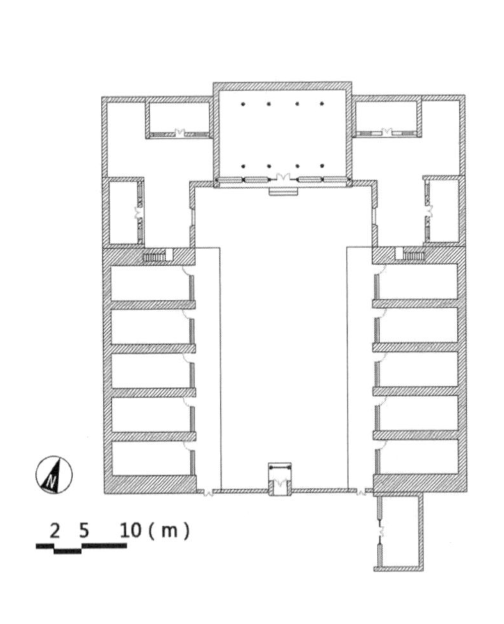

常平仓平面图

图2-7 常平仓

（图片来源：平面图根据《米脂县志》改绘，照片为作者自摄）

成为共产党与国民政府联合政府驻地；1943—1958年，作为米脂县人民政府驻地；之后又先后成为人武部、县卫校的驻地；1979年至今，常平仓作为米脂县委党校使用。2007年6月，常平仓被榆林市人民政府列为第一批市级文物保护单位。

现存的常平仓为三合院布局，由知县骆仁于光绪十二年（1886年）主持修建。院落南北长约68m，东西宽约36m，占地2182m^2。正房坐西北朝东南，采用硬山顶建筑形式，面阔五间，展现了清代官式建筑的庄重与典雅。东西厢房均为五孔独立式窑洞，其基础、背墙及山墙中心部分采用石材，窑面券顶则使用砖砌，高约5.2m，进深11m，面阔4.6m。这种石砖结合的建筑方式不仅增强了窑洞的稳固性，也体现了古代工匠的精湛技艺。

窑洞内部设有青石板砌筑的仓子，墙体坚实，仓内温湿度稳定，仓储设施齐全。这些设计充分考虑了粮食储存的实际需求，展现了古代仓储建筑的科学性与实用性。常平仓作为米脂县境内为数不多的清代仓储建筑之一，为研究该地区仓储建筑的风格、布局、结构、规格及雕刻艺术提供了重要的实物依据。

4. 文庙（现东街小学）

文庙，这座始建于元至元十年（1273年）的古老建筑，是米脂窑洞古城中一处重要的文化地标，承载着深厚的历史记忆与文化底蕴（图2-8）。最初，文庙位于米脂窑洞古城北部的"上城"坡地，称为"学宫"，是当时的教育与文化中心。明弘治九年（1496年），知县陈奎将"学宫"迁至下城东街，并增建了明伦堂、东西斋房、射圃、教谕宅及大成殿等建筑，使文庙的规模与功能更加完善。清乾隆年间，知县叶咏林在文庙西侧兴建窑洞，名为成德书院，进一步丰富了文庙的教育功能。道光年间，知县王鹄募资扩修，将成德书院改为圁川书院，成为米脂地区重要的教育中心。光绪初年，知县焦云龙主持增修后院及前院东西斋房，光绪十年（1884年）添建照壁，文庙遂成为学堂，继续发挥着教育与文化传承的重要作用。

文庙的建筑布局为四合院形式，沿中轴线由南至北依次为照壁、大门、先生室、讲堂和斋舍。这种严谨的轴线布局不仅体现了传统建筑的对称美学，也反映了古代礼制的深刻影响。大成殿是文庙的核心建筑，为歇山顶砖木结构，面阔五间，进深两间，其建筑形式庄重大气，展现了古代官式建筑的辉煌与典雅。状元阁（古称戟门）位于大成殿南约28m处，为悬山顶砖木结构，面阔三间，是文庙的重要组成部分。

现今，文庙仅存大成殿及状元阁两座主要建筑，位于东街小学院内，占地514m^2。自1920年起，文庙改为学校用地，大成殿曾用作会议室，状元阁则作为学校的教学或办公场所。尽管文庙的大部分建筑已不复存在，但留存部分依然以其独特

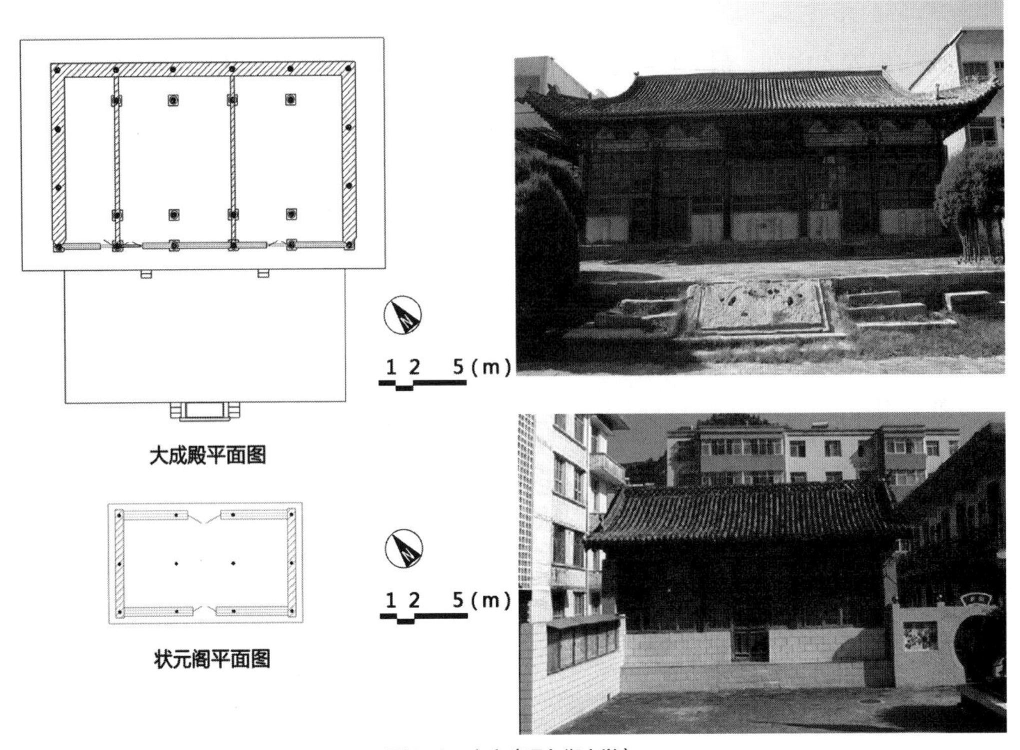

图 2-8　文庙（现东街小学）

（图片来源：平面图根据《米脂县志》改绘，照片为作者自摄）

的建筑风格与历史价值，成为研究中国古代文庙建筑与教育文化的重要实物资料。作为一处集教育、文化与建筑艺术于一体的历史遗迹，文庙的保护与传承对于弘扬传统文化、增强地方文化自信具有重要意义。

2.2　聚落的发展与变迁

米脂县最早的行政建制为西汉时期的独乐县，距今已有两千余年历史。金末元初设米脂县，因“地有流金水、沃壤宜粟、米汁淅之如脂”而得名。自宋朝起，米脂县与游牧民族聚居地相邻，成为军事防御要地。关于米脂窑洞古城的历史地图，在《米脂县志 · 清光绪》和《米脂县志》中均有收录。现存典型民居多为清朝和国民政府时期所建，随着时代变迁，居民不断拆旧建新，明清、民国和新中国三个时期的建筑共存于古城中，形成了独特的时代印记。

基于现有研究成果及笔者的调研，米脂窑洞古城聚落的形成过程可分为以下四个阶段（图 2-9）。

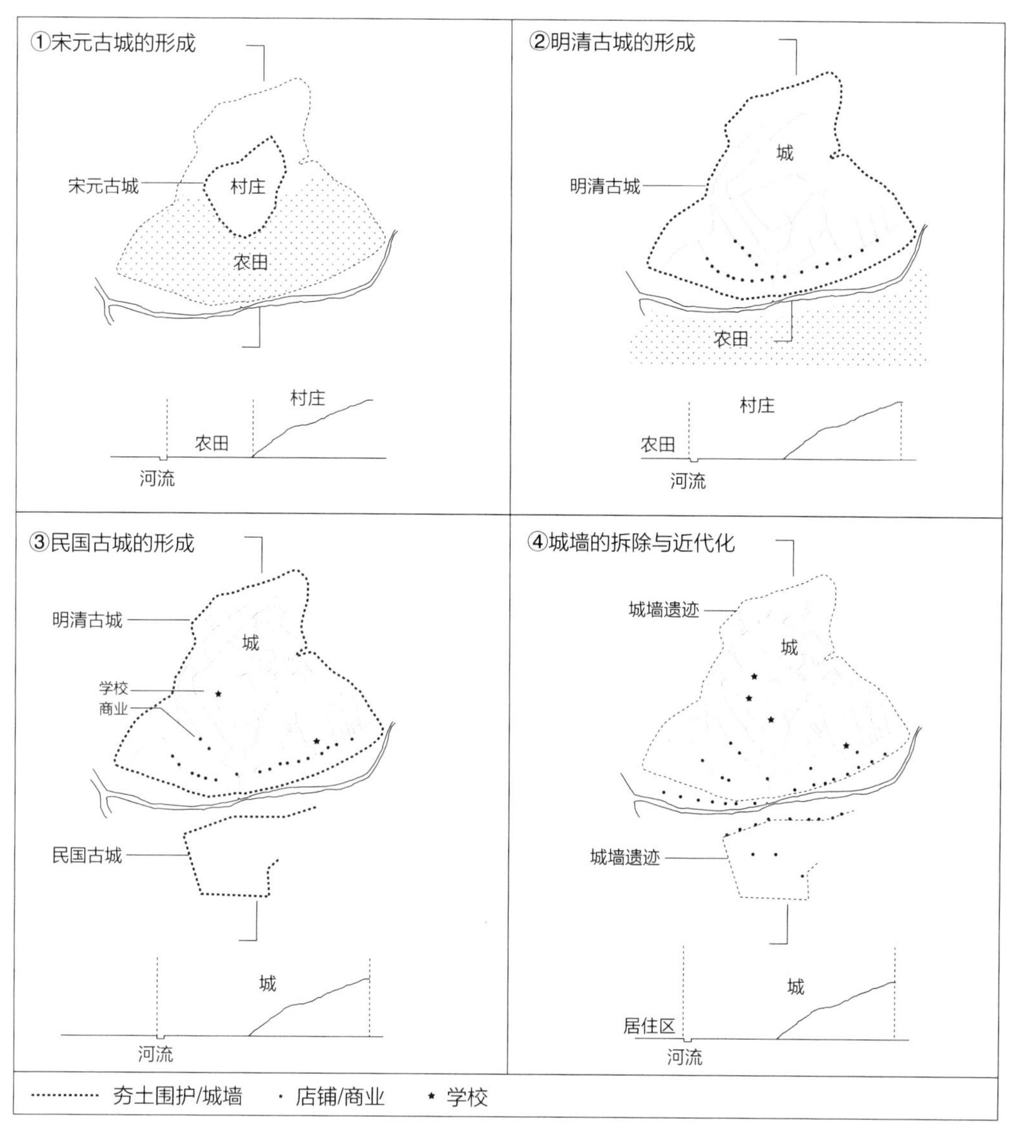

图 2-9 米脂窑洞古城聚落发展过程

1. 宋元古城的形成

关于米脂的记载始于春秋战国时期，属华夏族与游牧部族共同活动的区域，土窑洞、草棚和皮帐并存（图 2-10）。西汉元封五年（公元前 106 年）设独乐县，为米脂窑洞古城相关的最早地域名称。北宋初年，米脂窑洞古城所在地出现小村落，名为惠家砭，居民利用山体斜面建造靠山式窑洞，并在河道旁开垦农田。宋太宗时期，在山腰平坦处建毕家寨，居民用夯土修筑防卫土墙及简易寨门。宋宝元二年（1039 年）更名为“米脂寨”，宋崇宁四年（1105 年）改称米脂城。至今，米脂县内仍流传“先有惠家砭，后有毕家寨。先有毕家寨，后有米脂城”的说法。元泰定三年（1326 年），

城墙旧照

南门旧照

米脂古城旧照

图 2-10　米脂窑洞古城复原图及旧照
（图片来源：米脂县文广局提供）

县令吕东主持修缮米脂城，加宽加高夯土寨墙，并砌石垒门，范围涵盖城隍庙湾和马号圪台，称为“上城”，即“宋元古城”。

2. 明清古城的形成

明成化五年（1469 年），知县陈贵扩建上城至东城圪崂。随着人口增长，靠山式窑洞已无法满足需求，山下开始兴建独立式窑洞和砖木结构房屋，沿流金河北岸形成居民区。由于缺乏城墙保护，居民财产和牲畜常遭游牧民族掠夺。明正德十一年（1516 年），知县袁泽计划建设东西关城，但仅修筑小段土基。

明嘉靖年间（1522—1566 年），居住区扩展至金堰河北侧，沿西大街和东大街兴建大量独立式窑洞。嘉靖二十三年至二十五年（1543—1545 年），榆林兵备使方远宜巡视米脂，深感城防简陋，遂官民协力修筑下城（关城），将东、西关至华严寺湾等地纳入城垣。城墙内壁用黄土夯筑，外壁以大石垒砌，总长 1555m，高 7.8m，宽 5m。明万历元年（1573 年）修缮城墙，增高至 9m，形成城墙雏形。万历六年

（1578年），知县张仁覆将上下城连为一体，城墙延伸至凤凰岭，周长2.5km，设拱极门（东）、化中门（南）、柔远门（北）三座城门，附瓮城、城楼。为防水患，未设西门，仅在西角城墙修一方亭。至此，"明清古城"格局基本形成。

随着县治设立，米脂窑洞古城成为全县政治经济中心。据《米脂县志》记载，万历年间古城"列市肆，惠贾通商"，居民经济模式从农业转向商业，收入逐渐提高。受山西、河北等地影响，古城内以独立式窑洞为主、砖木结构为辅的合院式住宅逐渐增多。

3. 民国古城的形成

清末至民国年间，外来人口增多，古城住宅日益密集，居住区扩展至金堰河南侧，店铺和餐饮店数量大幅增加。民国二十三年（1934年），国民党86师旅长高双成为加强防备提议修建南关城垣，官绅赞同。城垣东靠文屏山麓，北沿银河畔，西临无定河，南对小石砭，周长1.5km，面积约0.2km^2。民国二十四年至二十六年（1935—1937年），因经费不足，在城墙内侧修建窑洞出售，开创了城防与民用结合的独特建筑方式。民国古城与明清古城隔河相望，城垣高9m，上宽6m，下宽8m。

4. 城墙的拆除与近代化

20世纪50~70年代，城墙失去军事意义，旧城城楼塌毁，瓮城、城门和城墙逐渐拆除，南段、西段和东段南端被新建建筑取代。1965—1980年，古城内兴建大量单位集体所有的员工住宅，多为砖砌独立式窑洞及薄壳建筑。至20世纪80年代，旧城廓已不明显，仅北段残留部分土夯城墙，北城门门洞保存完整。

1980年后，沿县道兴建百货店、饮食店和旅馆。2000年后，随着米脂县新城开发，许多居民迁出古城，古城因低廉房租成为农村进城居民的落脚点。2008年，米脂县文化和旅游文物广电局拟定一系列保护政策与规划方案，正式拉开古城传统建筑与院落保护的序幕。

2.3 窑洞类型的发展

2.3.1 各类型窑洞建筑的分布与建设方法

在米脂窑洞古城的调研中发现，现有窑洞建筑包括土窑、接口窑、石窑和砖窑等类型。其中，土窑和接口窑属于靠山式窑洞，石窑和砖窑为独立式窑洞（箍窑）。石窑根据外立面的不同，可细分为硬锤子门面、皮条錾门面和细錾摆门面，是古城中主要的窑洞类型。

本书基于对米脂窑洞古城的实地调研，在把握古城整体情况后，选取了典型院落进行调研和测绘。研究对象包括靠山式窑洞 9 院、窑洞四合院 31 院及单位家属院（砖窑 + 扁平砖拱）7 院，共计 47 院。这些院落不仅涵盖了古城的主要窑洞类型，也反映了不同历史时期与社会背景下的建筑特点与居住模式。研究内容包括问卷调研、访谈调研和建筑测绘。所选 47 院住宅的位置信息如图 2-11 所示。

依据问卷调研和访谈调研的结果，可以将米脂窑洞古城当地居民对于窑洞建筑的评价总结如下：

1. 良好的热工性能

以石灰石和黄土为主要材料的独立式窑洞具有良好的恒温性能，创造了舒适的室内环境。窑洞适应米脂当地气候特征，冬季通过烧炕即可保暖，夏季则成为天然冷房，居民几乎四季无须使用空调。

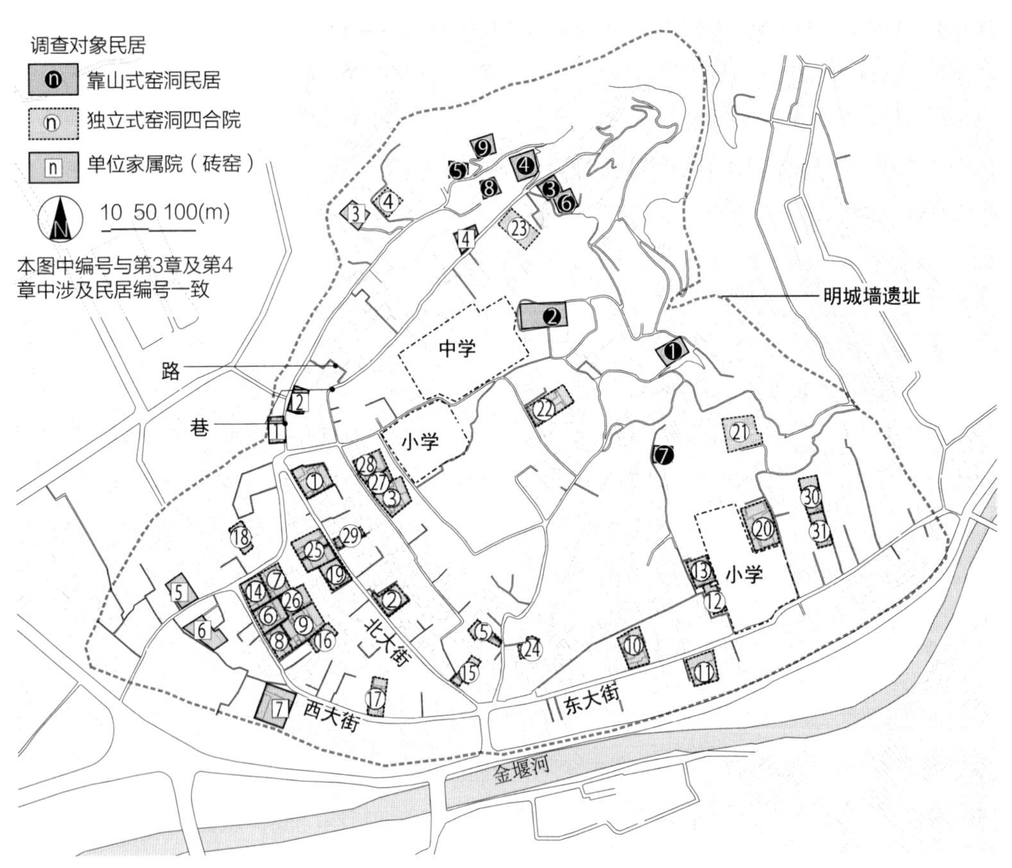

图 2-11　不同类型窑洞的分布

2. 文化属性

窑洞是由家庭成员合力建造的建筑形式，具有坚固耐用的特点，使用期限可达数百年，已成为当地文化传承的重要媒介。窑洞不仅是居住空间，更是家族历史与文化的载体。许多窑洞历经数代人的居住与修缮，见证了家族的兴衰与变迁。窑洞的建筑工艺与装饰细节，如砖雕、木雕和石雕，也体现了地方文化的独特魅力。因此，窑洞在米脂窑洞古城中不仅是一种建筑形式，更是一种文化符号，承载着居民对传统的认同与情感寄托。

3. 居民的心理归属

米脂县的窑洞文化可追溯至宋代。许多关于窑洞的传说和历史事件使其成为居民精神归属的重要载体。窑洞的拱形结构在心理层面提供了安全感和归属感，使居民在漫长的冬季感受到温暖与安宁。窑洞不仅是物理意义上的居所，更是居民情感与记忆的寄托，成为他们生活中不可或缺的一部分。

综上所述，窑洞对当地居民而言，不仅是提供舒适物理环境的建筑形式，更在精神层面和文化归属上具有重要意义。调研发现，在 31 个四合院中，约 1/3 的砖木结构房屋被拆除重建，多数改为砖混结构房屋，但也有 2 个院落改建为独立式窑洞。居住者表示，窑洞“冬暖夏凉”的特性使漫长的冬季不再难熬，而拱形结构让居民在心理上感到安定。调研中未发现拆除窑洞改建其他建筑形式的案例，进一步证明了窑洞对米脂气候的适应性。

从窑洞分布来看，靠山式窑洞多位于等高线密集处，四合院沿三条主要大街分布，薄壳建筑多见于单位家属院，自 1965 年起由各单位建设，呈散点式分布。实地调研仅发现以上三种窑洞住宅类型，但根据资料记载和居民访谈推测，最初的独立式窑洞住宅形式应为联排式窑洞与前庭空间构成，四合院则是在其他地区四合院文化影响下逐渐演变而来的住宅类型（图 2-12）。各窑洞类型的特征与建设方法概述如下。

（1）靠山式窑洞的建设

靠山式窑洞在米脂本地通常被称为“土窑”或“寒窑”，是以黄土为载体，采用“陶复陶穴”的减法建筑形式。民国《灵宝县志》记载：“山陬之内，其靠崖谷者纯以土窑为居，至有数百年不知房屋为何境者。”描述了黄土高原地区居民依山傍崖、挖掘土窑为居的传统生活方式，有些地方甚至数百年来一直保持这种状态，居民鲜少了解砖瓦结构房屋。

靠山式窑洞的选址需考虑黄土的纹理。若黄土垂直方向呈横纹，称为“横土”，适宜挖掘；若呈纵向纹路，称为“立土”，则不适宜挖掘[2]，因其窑顶土灰会随时间成块脱落。若必须在“立土”挖掘，则需在窑洞内部用立柱和横檩支撑，以延长使用寿命。

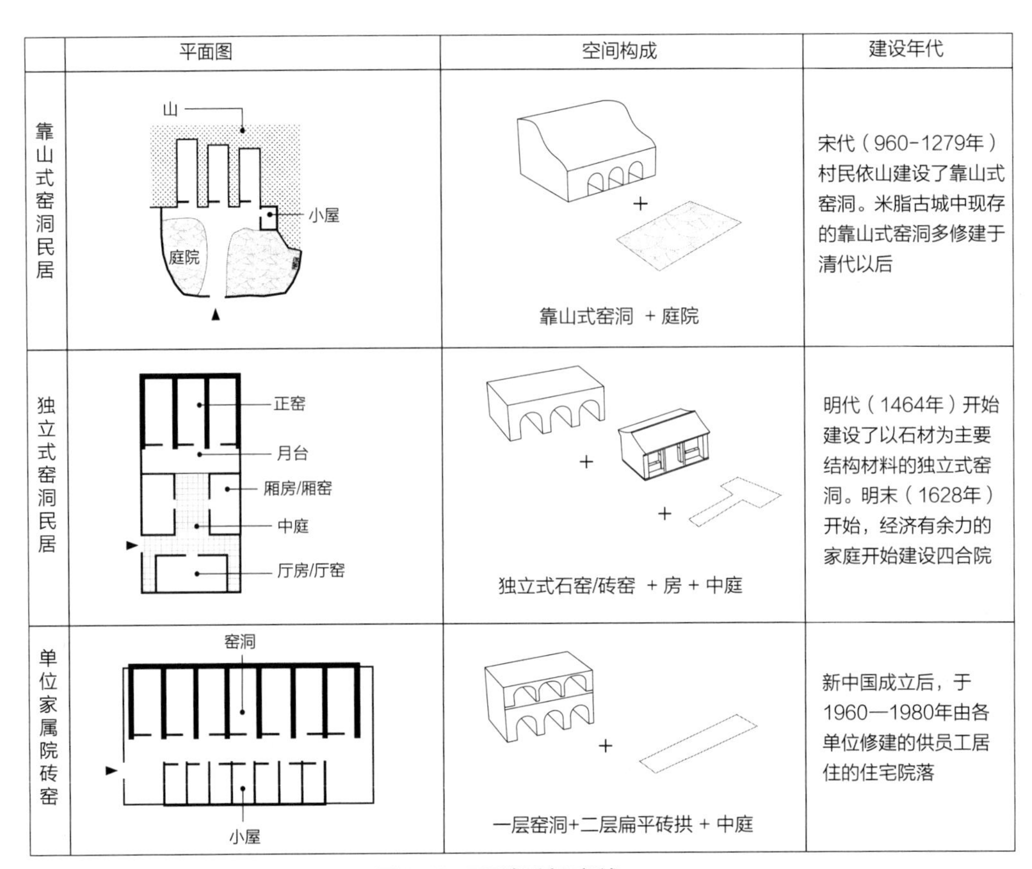

	平面图	空间构成	建设年代
靠山式窑洞民居	山 小屋 庭院	靠山式窑洞 + 庭院	宋代（960-1279年）村民依山建设了靠山式窑洞。米脂古城中现存的靠山式窑洞多修建于清代以后
独立式窑洞民居	正窑 月台 厢房/厢窑 中庭 厅房/厅窑	独立式石窑/砖窑 + 房 + 中庭	明代（1464年）开始建设了以石材为主要结构材料的独立式窑洞。明末（1628年）开始，经济有余力的家庭开始建设四合院
单位家属院砖窑	窑洞 小屋	一层窑洞+二层扁平砖拱 + 中庭	新中国成立后，于1960—1980年由各单位修建的供员工居住的住宅院落

图 2-12　不同类型窑洞概述

古城中的靠山式窑洞依山而建，崖面经简单处理后朝纵深挖掘。若遇土质不佳或石层阻挡，则根据具体情况调整窑洞进深方向。

根据既往研究，靠山式窑洞的建设可分为四个主要步骤（图 2-13）：首先，整理坡面，将山体坡面整理成“L”形。其次，挖掘雏形，在崖面上确定每孔窑洞的开间及进深，挖掘出窑洞雏形，上部设烟囱，并将挖出的土回填于窑洞前，形成宽阔的前庭空间。再次，加固窑脸，为防止雨水冲刷窑脸导致寿命缩短，通常用石材或砖加固正面，形成类似独立式窑洞的空间。最后，完善内部，在入口处固定门窗，整理室内空间并进行粉刷。

（2）独立式窑洞的建设

独立式窑洞在米脂当地被称为“四明头窑”，意指其四面均未利用自然土体，全部见光。现有研究将独立式窑洞细分为石窑、砖窑、泥基窑、柳笆庵等类别。米脂窑洞古城以石窑为主，也有主体采用石材、表面用青砖装饰的案例。此外，以红砖为主体的独立式窑洞多见于中华人民共和国成立后。

依据现有资料和当地的访谈结果，本书将独立式窑洞（石窑及砖窑）的建设步骤

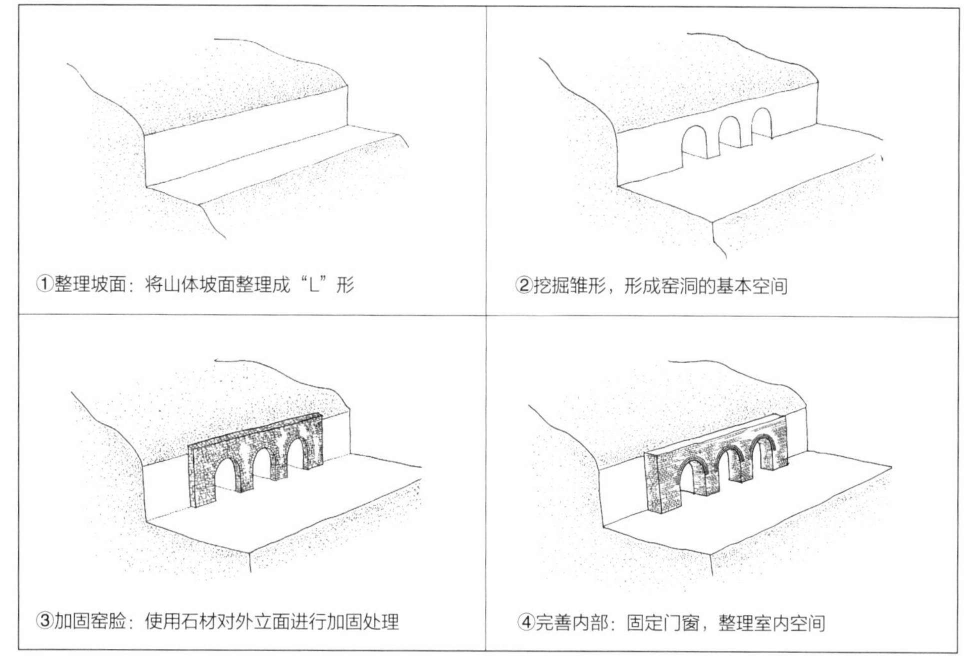

图 2-13　靠山式窑洞建设步骤

总结为图 2-14。首先，选址与确定地基。选定基地后，进行布局和划线，根据窑洞的开间和进深挖掘约 1.5m 深的地基，用石材砌筑地基至地平面，然后继续向上砌筑墙体（即“窑腿”），两侧边腿宽度略宽于中腿。其次，砌筑与灌浆。每砌一段窑腿，需向中间插入石片并灌浆。传统的方法会选取品质较好的黄土经过注水和反复搅拌，形成糊状，后来也使用石灰浆或水泥砂浆。灌浆沿石材下渗，填满缝隙，使结构稳固。再次，支券与砌拱。窑腿砌至平桩后，开始“支券”，即搭建拱模。拱模由粗细木料（如梁、檩、椽）构成，弧形支架上填土并拍打抹光。拱模完成后，自下而上紧贴拱模砌筑涂有泥浆的石材，从两侧向中间推进，同时填土夯实。最后，合龙口与屋面处理。将梯形石材置于窑洞中心线上，完成拱形空间，这一步骤称为“合龙口”。合龙口是新窑主体完工的重要仪式，类似于房屋上梁，通常伴有庆祝活动以求吉利。按照米脂习俗，合龙口后，任何人不得再上窑顶。待窑体干燥后，屋顶用碎石和黄土填充，厚度为 1~1.5m，再灌注灰土浆使屋面平整。为保证防水效果，将白灰与土按 3 ∶ 7 比例混合成泥浆，涂抹 10~20cm 厚，撒一层白灰并夯实，最终覆 1m 左右黄土用于保温隔热。屋面铺砖后，可用于晾晒粮食。

在米脂，石材和黄土都可以就地取材，出众的石匠也很多。屋顶填充黄土可以使窑洞整体的蓄热能力较强，对于寒冷地区的米脂县而言是一种充满智慧且节能环保的建筑类型。

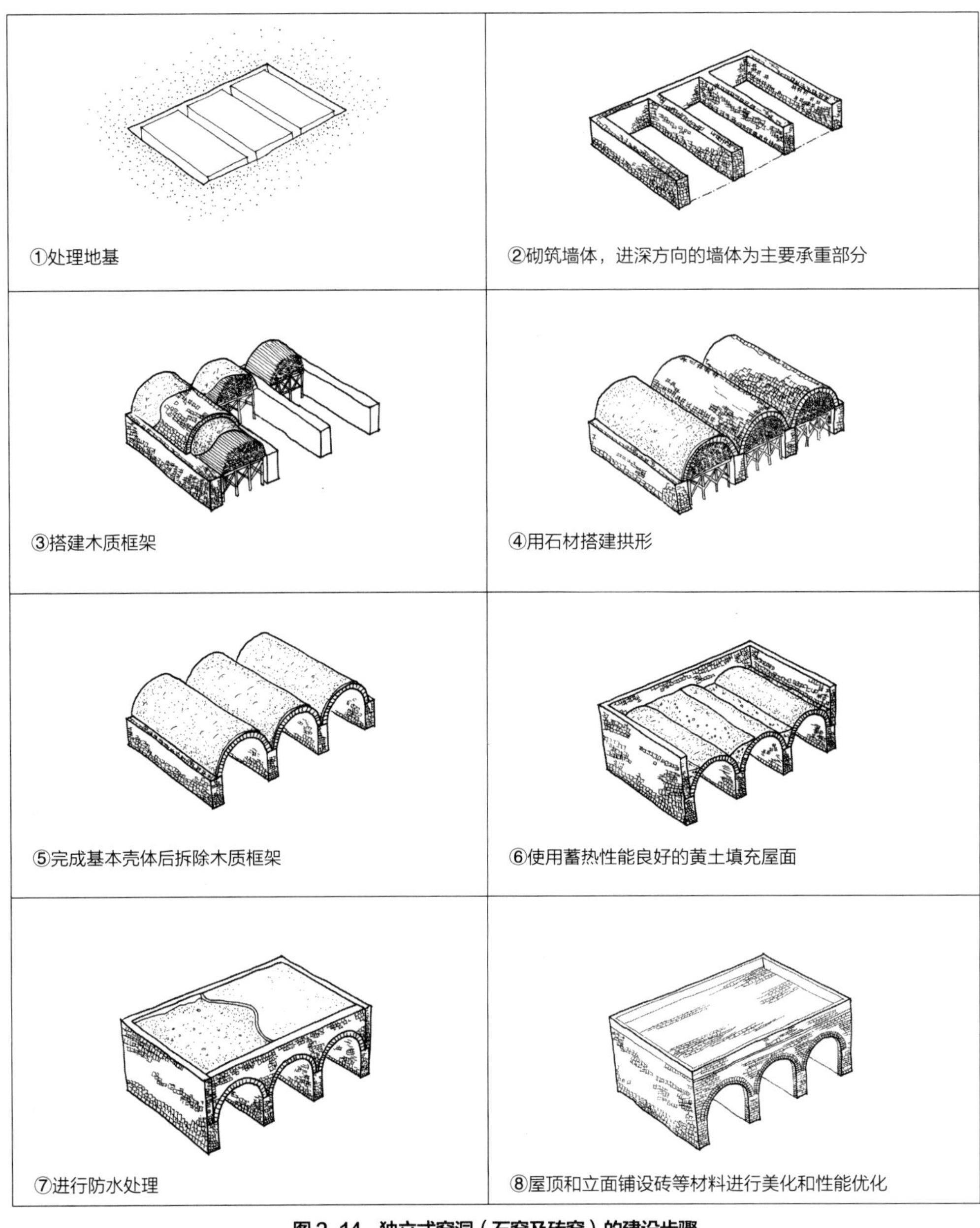

图 2-14　独立式窑洞（石窑及砖窑）的建设步骤

（3）扁平砖拱

扁平砖拱是一种矢跨比为 1/10 到 1/5 的拱券形式，曾广泛应用于屋顶和楼板等结构中。在 20 世纪 60 年代的特殊时代背景下，这种新型建筑形式迅速兴起后又逐渐衰落，展现出与传统窑洞截然不同的建筑逻辑[31]。

扁平砖拱主要采用砖材，并利用钢筋混凝土作为抗推与抗拉构件。其最早见于 1944 年八路军炮兵学院的屋顶构造，后多用于工业和民用建筑中的非生产性建筑。

与木结构瓦屋面相比，扁平砖拱可节约木材并提高防火等级；与钢筋混凝土结构相比，可节约钢材和水泥；与传统砖拱窑洞相比，可减轻自重并节约用砖，经济效果显著。此外，其构造简单，便于非专业人员集体施工。在社会主义建设初期，为全力发展工业并节约“三材”（木材、钢材、水泥），扁平砖拱被广泛用于宿舍及办公用房。

米脂窑洞古城中的扁平砖拱建筑包括单层结构及一层窑洞、二层砖拱的组合形式。单层结构的施工方法与独立式窑洞类似，但在窑洞上加建二层时，因负重增加需加厚底层两侧的窑腿。屋盖砖拱结构有两种形式（图 2-15）：一种是单层砖拱结构，厚度可为 1/2 砖或 1/4 砖，在其上铺设保温材料及防水层。另一种是双层砖拱结构，两层砖拱间留 50~70mm 空气层用作隔热层。底层砖拱厚度用 1/4 砖或 1/2 砖，上层砖拱用 1/4 砖，并于上层砖拱表面再设防水层[32]。

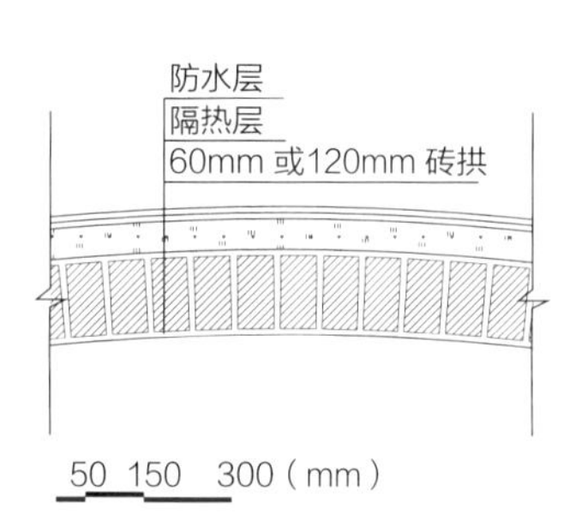

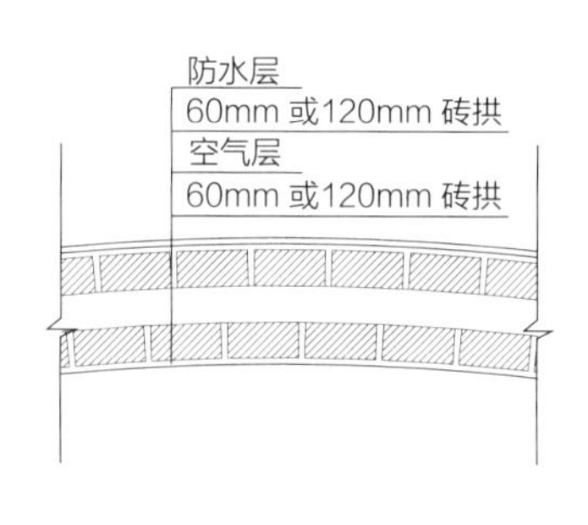

图 2-15 扁平砖拱的大样图
（图片来源：根据参考文献 [32] 作者自绘）

2.3.2 靠山式窑洞案例

在米脂窑洞古城中，靠山式窑洞作为一种古老的居住形式，起源于宋代，是通过挖掘山体而形成的原始住居形态。这些传统院落中常常设有用于收纳农具的小窑和作业场地。小窑通常位于院落的一角，用于存放锄头、镰刀、犁具等农具，方便农民日常耕作。作业场地则多位于院落的中央或开阔处，用于晾晒粮食、加工农产品或进行其他农事活动。这种布局既体现了农家生活的实用性，也反映了传统农业社会的生产生活方式。

除了现今常见的拱形开口窑洞外，米脂窑洞古城还有一种独特的窑洞形式，即门窗洞口为矩形的“方口窑”，当地居民亲切地称之为“方窗窗窑”（图 2-16）。这种窑洞直至 20 世纪 70 年代仍有建设案例，其特点为小门方窗、黄土抹壁，窗墙较低。方口窑的设计虽然简单，却蕴含着深厚的文化内涵和实用价值。小门方窗的设计不仅节省了材料，还增强了窑洞的保暖性，尤其适合陕北寒冷的冬季。

图 2-16　方口窑照片

然而，方口窑也存在一些不足之处。由于窗墙较低且窗户较小，窑洞内部的通风和采光条件较差，尤其在夏季容易显得闷热潮湿。虽然它不仅造价低廉，施工简便，还能满足基本的居住需求，但在大多数地区这种形式的窑洞已经废弃。

本书通过对米脂窑洞古城 9 院仍在使用的靠山式窑洞住居进行深入调研与测绘（图 2-17），发现这些窑洞均为清代所建。由于黄土质地柔软且易被风雨侵蚀，大多数靠山式窑洞的外立面（窑脸）都使用砖或石材进行了加固保护。黄土的蓄热能力赋予了靠山式窑洞“冬暖夏凉”的环境特性，使其成为适应陕北地区气候的理想居住形式。这些窑洞多沿等高线分布于向阳的南坡，充分利用了自然地形和光照条件，体现了当地居民对自然环境的深刻理解与巧妙利用。

目前，大多数院落由多个家庭共同居住，为适应多户共居的需求，许多院落进行了增建，导致原本宽敞的庭院空间被压缩，院落的整体布局也发生了改变。尽管如此，窑洞作为核心居住空间的功能并未改变，依然是居民日常生活的主要场所。随着靠山式窑洞的老化，小范围修缮变得困难，部分案例（如华严寺湾 42 号和安巷子 15 号）选择将靠山式窑洞重建为独立式窑洞。重建后的窑洞在使用方式上与传统的靠山式窑洞并无显著差异，但由于采用了铝合金门窗和石材贴面等现代材料，其采光和防水性能得到了显著提升（图 2-18）。

调研中发现，居民在重建时更倾向于选择独立式窑洞，而非成本更低的砖混结构平房。这一选择背后有多重原因：首先，窑洞“冬暖夏凉”的热工性能使其在气候适应性上优于普通平房；其次，窑洞作为地域传统建筑形式，承载着居民对乡土文化的认同与情感寄托，不仅在形式上更受欢迎，也在心理层面为居民提供了安心感和归属感。这种选择反映了居民对传统生活方式的坚守，也体现了窑洞作为一种文化符号在地方社会中的深远影响。

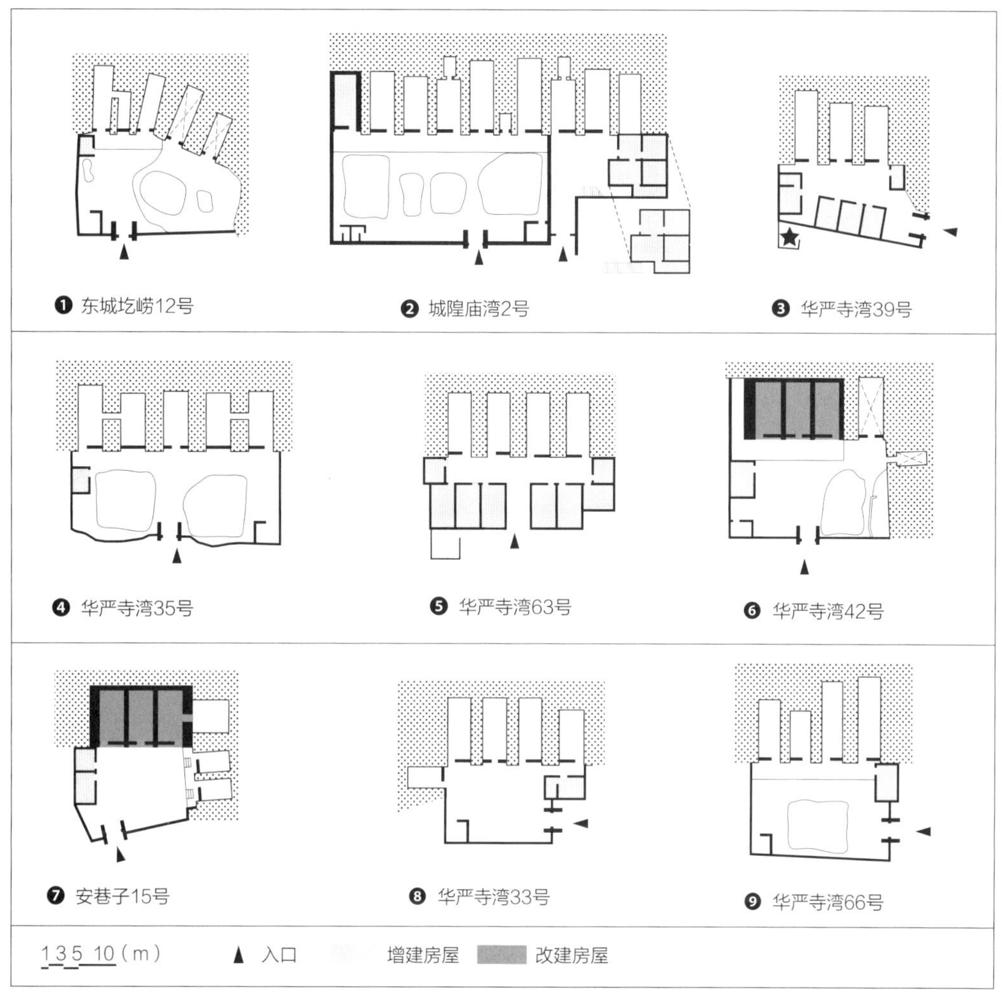

图 2-17 靠山式窑洞平面

图 2-18 重建后的箍窑与原有靠山式窑洞对比

在米脂窑洞古城的传统窑洞民居中，空间的使用方式展现了极高的灵活性与实用性，充分体现了当地居民对有限空间的巧妙利用与创新设计。除了单孔窑洞作为独立空间使用外，调研中还发现了一些独特的空间布局方式，这些方式不仅满足了多样化的生活需求，也丰富了窑洞的空间层次与功能分区。

以华严寺湾 35 号为例，该院落将两孔窑洞通过一条通道相连接，形成了一个功能分区的复合空间（图 2-19）。这种设计将两孔窑洞分别用作“客厅 + 厨房”和“卧室”，既实现了生活区域的功能划分，又保持了空间的连贯性。客厅与厨房的结合，方便家庭成员在烹饪与用餐时进行交流；而卧室作为私密空间，为居民提供了安静的休

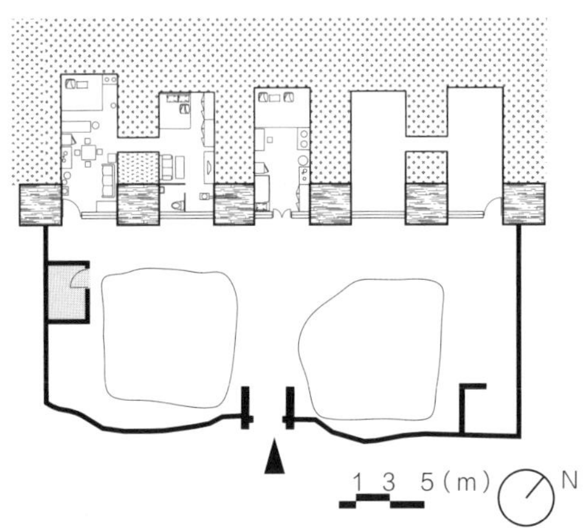

华严寺湾35号平面图

华严寺湾35号立面图

室内增建卫生间

连通两孔窑洞的通道

相互连通的火炕和灶

图 2-19　华严寺湾 35 号

息环境。这种功能分区的方式不仅提高了空间的使用效率，也适应了现代家庭生活的需求。

此外，城隍庙湾 2 号则通过在窑洞的进深方向上进一步挖掘小窑，巧妙地解决了收纳问题，并丰富了空间的层次感。这些小窑通常用于存放粮食、农具或其他生活用品，既充分利用了窑洞的内部空间，又避免了杂物对主要生活区域的干扰。同时，小窑的挖掘还使窑洞的内部空间更加立体化，增强了空间的趣味性与实用性。

这些空间使用方式不仅展现了窑洞民居的多样性与适应性，也为我们提供了传统建筑与现代生活相结合的宝贵经验。在有限的土地资源与建筑条件下，当地居民通过巧妙的设计与改造，创造出了既实用又舒适的生活空间。这种对空间的灵活运用与功能分区，不仅满足了日常生活的需求，也体现了黄土高原地区居民对生活品质的追求与对传统文化的传承。窑洞民居的空间使用方式不仅是建筑功能的体现，更是地方文化与生活智慧的结晶。

1. 靠山式窑洞民居案例 1

城隍庙湾 2 号院建于清朝末年，因杜斌丞曾居住于东起第三孔窑洞，一度由杜斌丞基金会管理，后捐赠给教育局（图 2-20）。院落最初由联排的 9 孔靠山式窑洞构成，每孔窑洞都有 1m 左右的接口部分，其中最中间的窑洞，高 260cm，进深 171cm，开间 160cm，原为祠堂，供奉着家族先辈的牌位，如今已弃置不用。围绕着小窑，两侧对称分布着 4 孔窑洞，中轴线左右第二孔窑内均嵌套有储物小窑洞，这种设计不仅充分利用了空间，也反映了古代家族生活的细致与周到。

城隍庙湾 2 号院自民国时期起，因家族分家被分割为两部分。西侧院落现为教育局所有，居民均为教育局前员工。而东侧院落则为私人所有，窑洞前加建了 2 层砖混结构房屋，配备了现代化的天然气厨房和冲水马桶设备，显著改善了居住品质。这种古今交融的景象，既体现了对传统的尊重，也体现了现代生活的追求。

2. 靠山式窑洞案例 2

图 2-21 中的院落为华严寺湾 39 号，是始建于民国初年（1912 年）的传统窑洞，现由同一姓氏的三个家庭共同持有。窑洞依山而建，因山体在垂直方向上具有一定弧度，工匠们巧妙地利用石材搭建了 1~2m 不等的接口，形成了“接口窑”。这种做法不仅保持了窑洞正立面的平整与美观，提升了窑脸的耐久性，还增强了窑洞的稳固性。从立面看，窑洞的布局规整而对称，两侧边缘的窑腿宽度为 2250mm，中间窑腿则为 1600mm，这种宽窄相间的设计既符合力学原理，又赋予了建筑一种韵律感。窑洞的

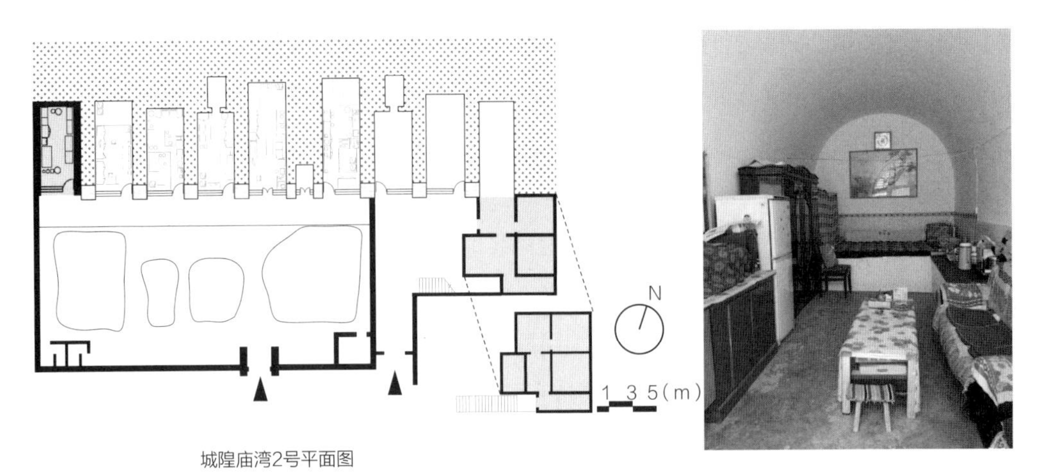

图 2-20　靠山式窑洞案例 1

门窗装饰简洁而实用，透露出一种朴素的生活美学。

随着时间的推移，院落的功能与居住格局也发生了变化。目前，由于其中两位房东已迁往新城居住，中间和东侧的窑洞分别租赁给两个家庭使用，而西侧窑洞仍为所有者居住。在建设初期，庭院曾用于种植和晾晒粮食，是家族日常生活的重要场所。然而，随着生活方式的改变，为了改善居住环境，南侧增建了砖混结构的房间，用作厨房及收纳煤炭、柴火和杂物的空间，同时，西侧增建了厨房、卫生间和淋浴间。这一改造虽然增加了使用面积，但弱化了庭院的活动和交流功能。

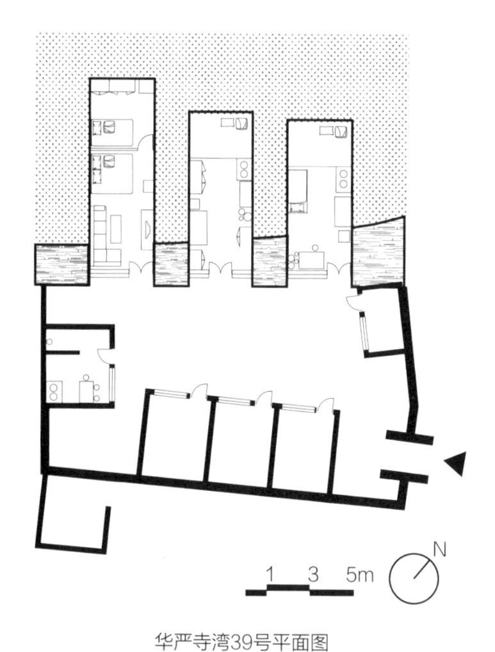

华严寺湾39号平面图

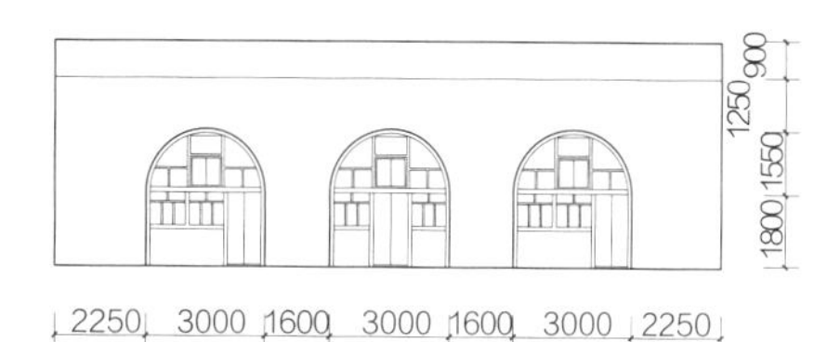

华严寺湾39号立面图

图 2-21　靠山式窑洞案例 2

2.3.3　独立式窑洞（箍窑）案例

独立式窑洞（又称箍窑）因屋顶填充黄土，具有良好的蓄热能力，室内温度可维持在较为舒适的状态。米脂石灰岩储量丰富，因此独立式窑洞多以此为主要结构材料。米脂窑洞古城内的独立式窑洞民居多采用四合院形式，其院落结构和建筑特征将在本书第 3 章详细论述，本章仅选取一个案例进行分析。

杜家大院是米脂窑洞古城典型的二进四合院，其建筑格局与装饰细节无不透露出深厚的文化底蕴和精湛的建筑技艺（图 2-22）。大院巧妙地利用厅窑的山墙设置了一面照壁，正对儒学巷，起到了遮挡视线、保护隐私的作用。主体房屋是采用石材为主要结构材料的独立式窑洞，为了应对多变的天气，正窑还设有遮阳和挡雨屋檐。辅助用房主要由砖木结构构成，与主体窑洞相得益彰，共同构成了一个和谐统一的居住空间。

从入口步入大院，地平逐级升高，这种设计不仅增加了空间的层次感，也寓意着家族地位的步步高升。正窑建在高 1m 的基座上，是整个院落的最高点，为一列五孔的空间布局，其中中间三孔窑洞相互连通。在正窑主体两侧设有小窑作为耳房，曾为收纳储物或佣人居住的房屋。厢窑和厅窑均为一列三孔的空间结构，建设初期，窑与窑之间设有小门相互连通。

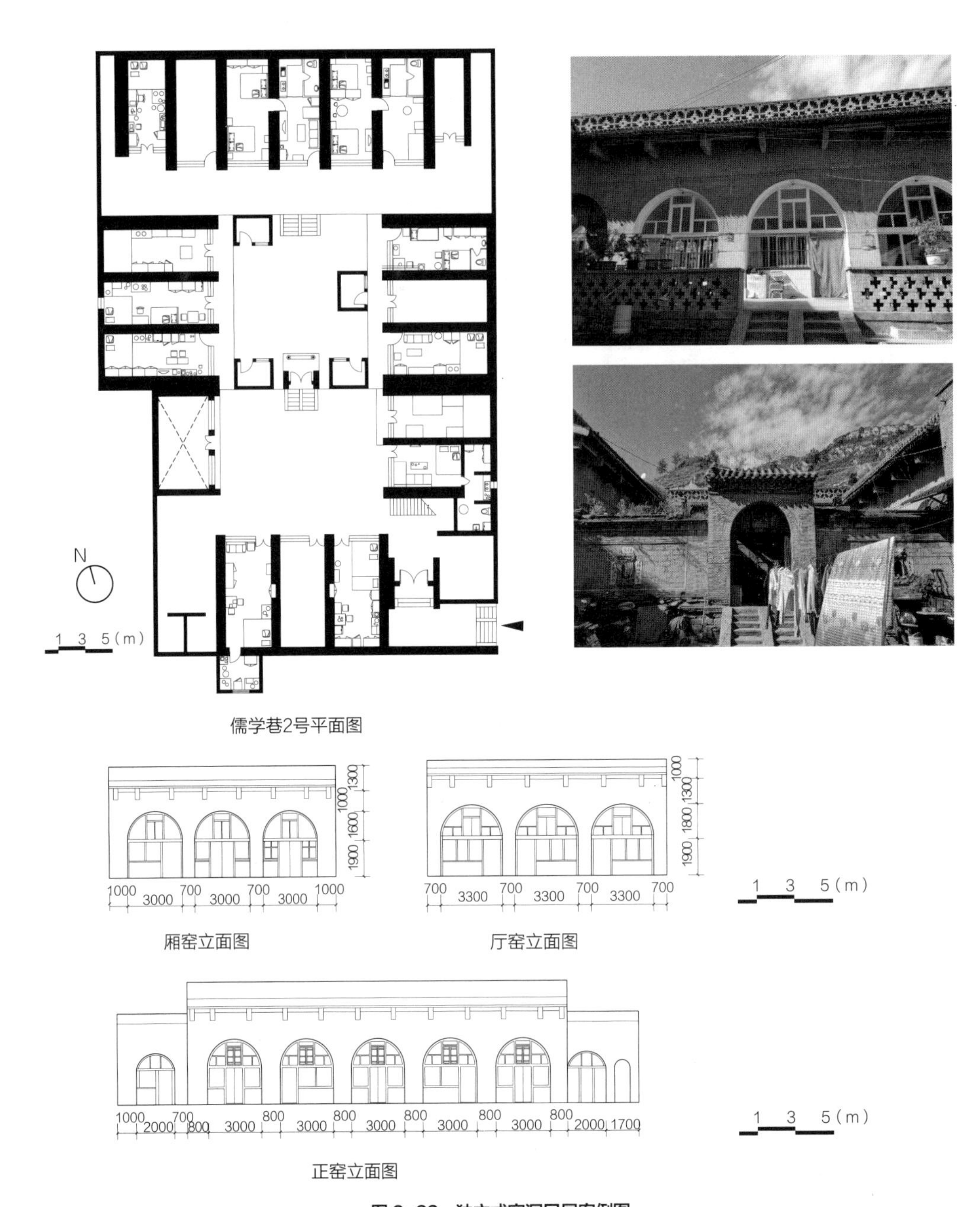

图 2-22　独立式窑洞民居案例图

杜家大院的历史可以追溯到清代嘉庆年间，家族最初往返于山西与米脂之间，从事货物运输与贩卖，随着资产的积累，花费三年时间在古城建设了这座四合院。然而，民国时期，家主染上鸦片，生意逐渐没落，甚至一度变卖土地和商铺以维持家用。目前，除上院正窑和东厢窑为原家族所有外，其余房屋均在中华人民共和国成立前变卖，这不仅反映了家族的兴衰，也折射出时代的变迁与社会的动荡。

杜家大院不仅是米脂窑洞古城的一处重要文化遗产，也是研究中国古代建筑和家族历史的重要实物资料。它的存在，让我们得以一窥古代家族的生活场景，感受历史的厚重与文化的传承。

2.3.4 单位家属院案例

1965—1975 年，米脂县各单位为满足职工家属的居住需求，兴建了一批单位家属院（图 2-23）。这些家属院的建筑风格与传统的四合院截然不同，摒弃了由建筑四面围合的院落形式，转而采用“一”字形或“L”形平面布局，体现了新中国成立后“人人平等”的社会理念。这种布局不仅简化了建筑结构，还增强了空间的实用性，反映了当时社会对公平与效率的追求。

1970 年，米脂县出现了首例扁平砖拱建筑，随后，这一建筑形式迅速在全县范围内普及。扁平砖拱建筑以其施工简便、成本低廉且结构稳固的特点，成为当时单位家属院建设的重要形式。本书共调研了 7 个单位家属院落（图 2-23），其中 4 个院落的居住用房仍采用传统的砖窑形式，保留了陕北地区特有的建筑风格。然而，储物间

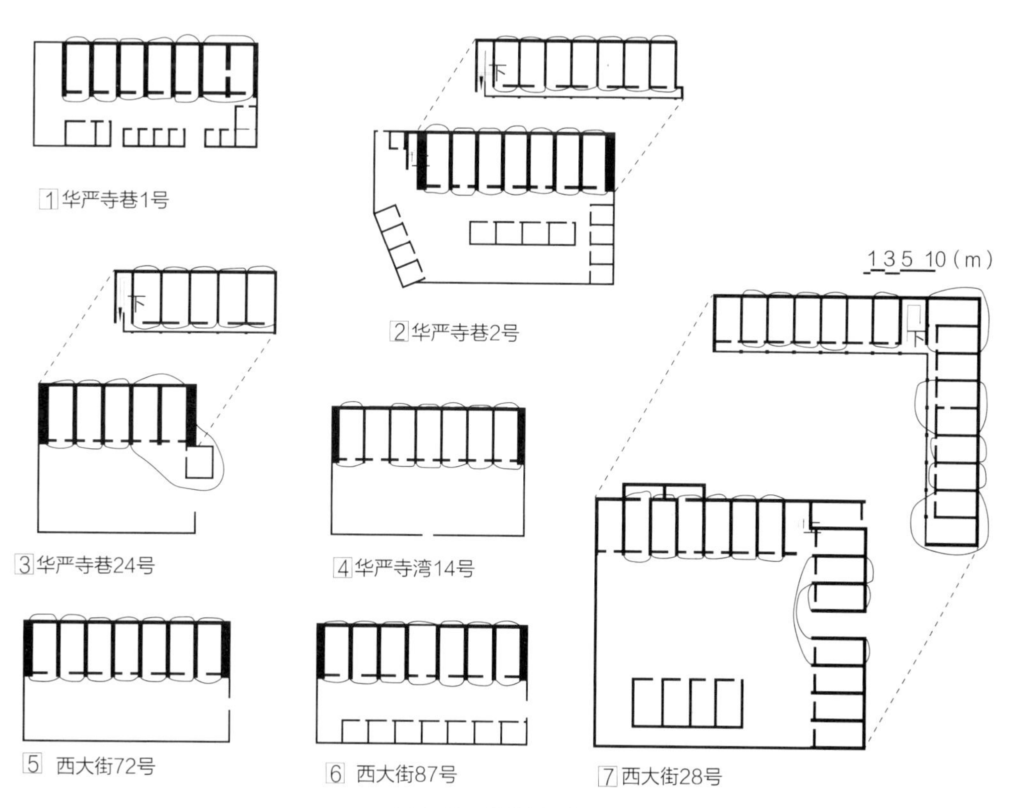

图 2-23 单位家属院平面

（柴炭房）或公共卫生间等辅助用房则多采用扁平砖拱建筑形式，这种新旧结合的设计既满足了实用性需求，又体现了时代的变迁。其余 3 个院落采用了“下窑上房”的二层结构，一层的窑洞多用作居住和日常活动空间，二层的扁平砖拱房屋则多用作卧室或储藏间。

单位家属院的建设不仅改善了职工家属的居住条件，也反映了新中国成立后社会结构的深刻变化。与四合院中严格的等级划分不同，单位家属院更注重功能性与实用性，体现了集体主义精神和平等观念。同时，扁平砖拱建筑的普及也标志着建筑技术的进步与创新，为米脂县的建筑风格注入了新的活力。

这些单位家属院不仅是特定历史时期的产物，也是米脂县建筑发展史上的重要篇章。它们以独特的形式记录了那个时代的价值观与生活方式，成为研究中国近现代建筑与社会变迁的重要实物资料。

这座家属院正面醒目的“农业学大寨”文字，不仅是时代的印记，更是 20 世纪 60 年代中国农村社会主义建设浪潮的缩影。1963 年，山西省率先开展“农业学大寨”，大寨大队凭借其自力更生、艰苦奋斗的精神，成为全国农业发展的典范。1964 年 5 月，毛泽东主席向全国发出“农业学大寨”的号召。此后，“大寨模式”成为当时农业发展的标杆，深刻影响了中国农村的经济与社会生活。

这座家属院的建筑布局与功能设计，也反映了当时的社会背景与居住需求（图 2-24）。一层为 1970 年建设的窑洞，采用传统的独立式窑洞形式。三年后，为满

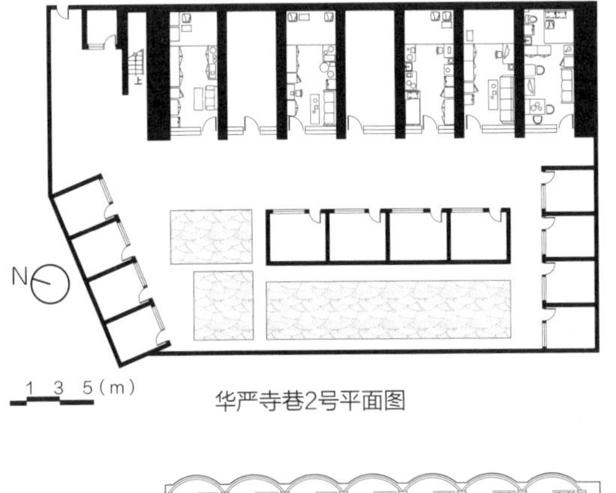

华严寺巷2号平面图

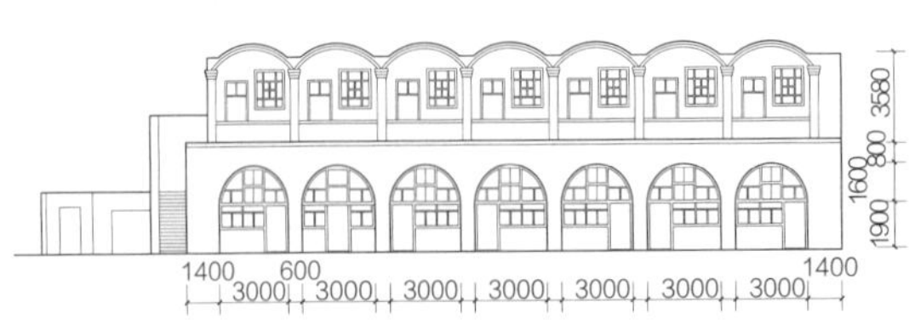

华严寺巷2号立面图

图 2-24　单位家属院案例

足日益增长的居住需求，又在窑洞上方加建了扁平砖拱房屋，将窑洞与对应的二层房屋组合为一个家庭的使用空间，这种设计既保留了窑洞的实用性，又通过加建房屋改善了居住条件。

除了居室，院落中还建有扁平砖拱的小厨房或柴炭房，这些辅助用房为居民的日常生活提供了便利。庭院内种植蔬菜，不仅满足了家庭的部分食物需求，也为院落增添了几分生机与绿意。这种自给自足的生活方式，正是当时社会生活的真实写照。

随着我国房屋改革政策的实施，房屋所有权从单位集体所有变更为个人所有，这一变化深刻影响了家属院的居住格局。如今，多数住户为外来人口租赁，院落的居住群体更加多元化。尽管如此，家属院作为"农业学大寨"时期的建筑遗产，仍然承载着那个时代的历史记忆与文化价值。

2.3.5 各类型窑洞的比较

本节通过图表对比分析，探讨靠山式窑洞、独立式石窑洞和独立式砖窑洞三种窑洞的差异，从开间、进深、窑腿厚度到窑洞高度等多个维度进行了系统梳理（图 2-25）。这些数据不仅揭示了窑洞建筑的技术特点，也反映了不同历史时期和社会背景下窑洞空间的演变规律。

靠山式窑洞通过挖掘山体建造，其特点是孔与孔之间距离较远，窑洞的室内空间大小因地形和功能需求差异明显。根据调研数据，靠山式窑洞的开间范围为 2.2~3.43m，进深为 6.8~9.9m，高度为 2.5~3.5m。这种窑洞的空间布局灵活多样，部分特殊案例中，窑洞进深仅 4m，主要用于储藏和收纳；也有进深超过 9m 的案例，在居住空间后进一步挖掘附属窑洞，用于储存食物和杂物。这种设计不仅充分利用了山体的自然条件，还满足了居民生活的多样化需求。

独立式石窑洞的平均开间为 3.1m，平均进深为 7.0m，中间窑腿厚度平均为 0.8m。与靠山式窑洞相比，独立式石窑洞的开间和进深更为规整，体现了更强的设计规划性。窑腿厚度较大，确保了建筑的稳固性。窑洞的开孔高度随进深增大而增高，这种设计可能是为了保证采光和换气质量，体现了古人对居住环境的细致考量。

单位家属院中的独立式砖窑洞平均开间为 3.2m，平均进深为 6.7m，平均窑腿厚度为 0.6m。与独立式石窑洞相比，砖窑洞的窑腿厚度较小，这得益于砖材的轻便与强度，使得空间使用效率得到提高。砖窑既保留了窑洞的传统功能，又通过材料的改进提升了建筑的实用性与耐久性。

随着时代的发展，窑洞的形式和规模逐渐规范化。尽管构造材料的进步使窑腿占用空间减小，空间使用效率提高，但窑洞的基本形制——独立的大进深孔穴空间样式并未

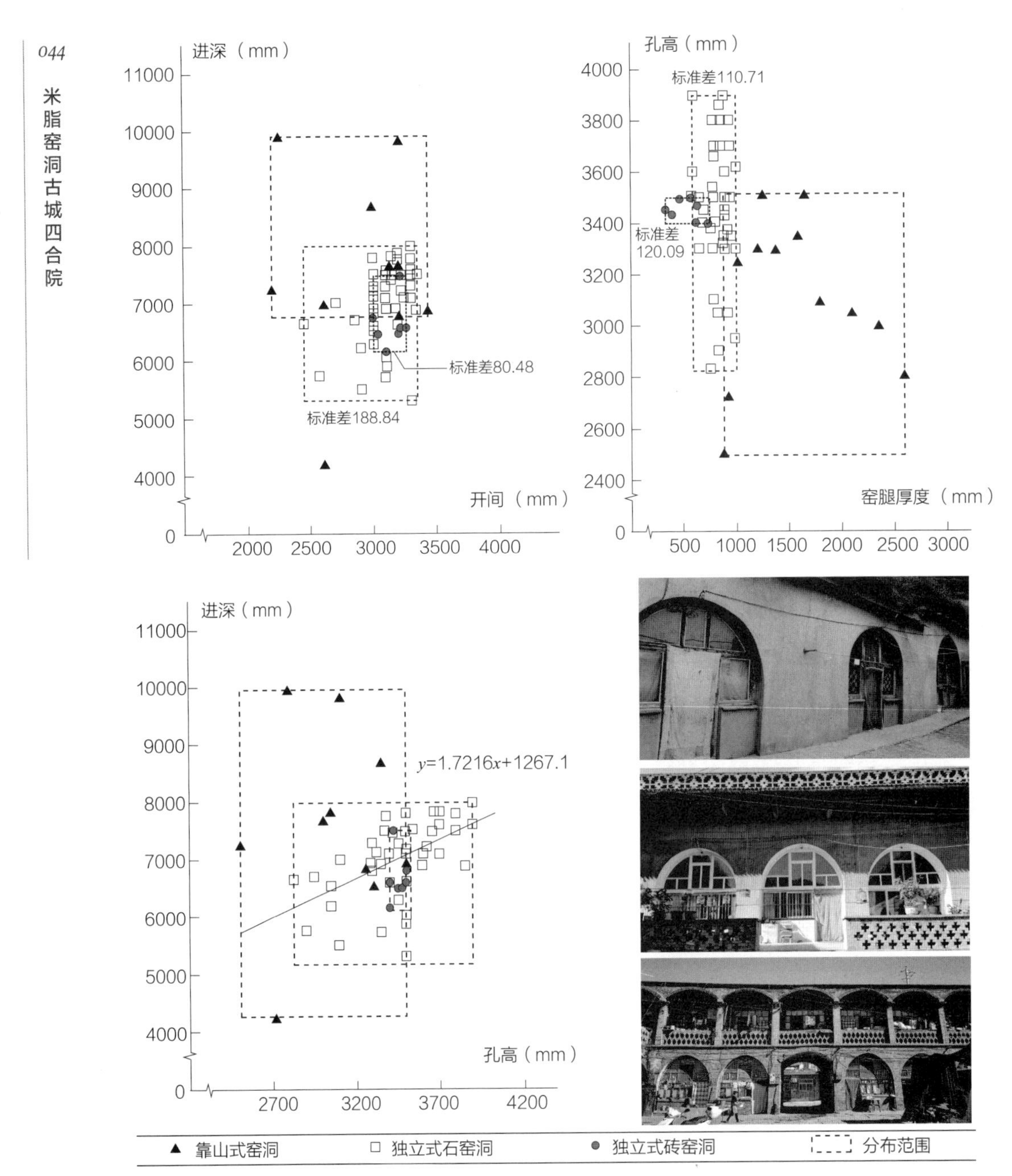

图 2-25　三种窑洞类型数据对比

发生根本性变化。这种延续性不仅体现了窑洞建筑的技术成熟，也反映了其在地方文化中的重要地位。窑洞作为黄土高原地区的传统民居形式，不仅是建筑技术的结晶，更是地方文化与生活智慧的体现。通过对三种窑洞的对比分析，本书系统地揭示了窑洞建筑在空间布局、结构设计与功能使用上的差异与共性。

2.4 本章小结

窑洞作为黄土高原地区最具代表性的传统民居形式，其建设方式与空间模式经历了从原始到规范化的演变过程，但“小开间、大进深、厚窑腿”及孔洞相互独立的空间模式始终得以传承。这种空间模式不仅反映了对陕北地区的气候条件与地理环境的适应性，还体现了古代工匠的智慧与地方文化的深厚积淀。

北宋时期起，当地居民便采用山体挖掘的方式建设靠山式窑洞，明朝初期出现了以石材为主要结构材料的独立式窑洞。与早期的靠山式窑洞相比，独立式窑洞不再依赖山体，而是通过石材垒砌形成独立的建筑结构。这标志着窑洞建筑从原始的挖掘形式向规范化建造的转变，同时也为后来的窑洞四合院奠定了基础。从清代至民国时期，受其他地区四合院文化影响，形成了以窑洞为主要居住空间、砖木结构房屋为辅助空间的四合院。中华人民共和国成立后，随着社会制度的变革与城市化进程的加快，传统的四合院形式被一层为窑洞、二层为“薄壳”结构的单位家属院所取代。这种新型住宅形式既保留了窑洞“冬暖夏凉”的环境特性，又通过二层的“薄壳”结构增加了居住面积，适应了当时职工家庭人口增多的需求。单位家属院的建设体现了集体主义精神与平等观念，同时也反映了建筑技术的进步与时代变迁。

第 3 章

米脂窑洞古城四合院空间构成与建筑特征

米脂窑洞古城四合院多为一进或二进的小规模院落，正房为独立式窑洞，厢房和倒座房多为砖木结构房屋。这种院落格局与建筑特征至今仍深受当地居民喜爱，体现了黄土高原地区独特的居住文化与建筑智慧。

本章以 31 院兼具历史价值与文化价值的米脂窑洞古城四合院为研究对象，通过访谈与测绘，探讨了其建筑历史、建造方法及使用模式，解析了空间构成的特征。同时，通过与其他地区四合院的对比，进一步总结了米脂窑洞古城四合院的建筑学特征，为保护历史街区、弘扬传统文化提供重要参考。

3.1 米脂窑洞古城四合院的形成

在我国传统建筑学中，由墙壁或建筑物围合的空间称为“院”或“院子”，是供人活动的场所。而“庭”和“院”所结合的“庭院”则是由房屋和墙壁围合起来的供人们生活所使用的空地。《南史·陶弘景传》记载：“特爱松风，庭院皆植，每闻其响，欣然为乐”，这是关于“庭院”的最早记载。目前发现的最古老庭院为夏代所建，距今 3500~3800 年。

位于陕西省岐山凤雏村建设于西周时期的四合院被认为是现今发现的最早的四合院，距今有 3000 多年的历史。其布局呈中轴对称，由前后两院构成：前院用于宴会和祭祀，空间外向，具有较强的公共性；后院为居住空间，较为私密，体现了古代建筑中“内外有别”的空间观念。成都出土的东汉画像砖显示，汉代达官贵人的宅邸已采用典型四合院布局。魏晋至唐代，四合院广泛应用于宫殿、寺庙及官员、商人住宅。宋元时期，“前堂后室”成为四合院的主要平面布局，“堂”用于待客与宴会，是家庭对外交往的重要空间，“室”用于居住、储物及厨房，是家庭内部生活的核心区域。明清时期，四合院进一步发展，各地形成独具特色的空间模式，现存的米脂窑洞古城中的四合院多建于这一时期。

米脂窑洞古城的四合院并不是统一规划、在特定时期集中建设的产物，而是随着建筑技术和经济的发展逐渐形成了现有的聚落样态。从宋代开始，米脂县因与游牧民族统治区域邻近而成为军事防御的要地，长期的军队驻扎带来其他区域的建筑文化。元代以来，宗教建筑在米脂逐渐兴起，庙宇寺观随处可见，四合院也开始兴建。明、清两代，由于商贸、文化交流，建筑风格受山西、河北等地影响，以窑洞为主的四合院建筑逐渐普及，且多以单脊双坡砖木结构的房屋作为辅助建筑。明代开始与鞑靼族的战争频发，米脂北部便成为重要的驻军基地。据资料记载，米脂窑洞古城内的高家大院和高将军宅均为明代名将高氏的后裔所修建。

米脂地区的砖瓦生产始于汉代，初期因成本高、产量低，多用于寺院或县衙等大型公共建筑，民居中并不常见。明代，随着技术进步与生产效率提升，砖瓦价格下降，成为普通民众可用的建材，为四合院的大量建设创造了条件。米脂窑洞古城附近的“瓦窑沟村”因清代盛产青砖而得名，米脂窑洞古城四合院所用青砖多产自此处。明清时期的青砖尺寸多为333mm×166mm×50mm，与现代常见的240mm×120mm×55mm不同。此外，明代社会经济发展使米脂成为居民聚集与物资交换中心，部分居民积累原始资本，推动了土地购入与四合院建设。

李自成行宫的建设为米脂四合院建造技术的传播提供了助力。明崇祯三年（1630年），李自成发动农民起义，崇祯十六年（1643年）在西安建立大顺政权，同年返回米脂，停留于建于明成化年的真武庙。其侄子李过对真武庙进行改造，意图作为李自成行宫，直至1645年李自成战败。期间，建造了大量砖木结构的建筑。清代乾隆和光绪年间，米脂绅民筹资修复并扩建行宫，吸引了众多外地工匠，他们的到来传播了木结构房屋与四合院的建造技艺。

关于米脂四合院建设的成因，除建筑材料生产水平提高和居民财力提升外，当地还流传着受山西四合院影响的说法。本书通过对比聚落形成、院落构成及两地交流状况，验证了这一说法的可信度。参考现有资料，将米脂四合院与山西晋中四合院进行对比，并以时间为轴线整理相关要素（图3-1）。山西省内不同地域的建筑样式各异，晋中四合院中以独立式窑洞作为正房的案例较多，因此将其作为对比案例。

3.1.1 聚落修建时间与规模

平遥古城于1986年被列为全国历史文化名城，其城墙为国家级文物保护单位。1997年，平遥古城被联合国教科文组织列入世界文化遗产名录。根据天津大学团队的研究[17]，平遥古城的建城史可追溯至2700多年前的西周时期，现存聚落重建于明洪武三年（1370年），后经多次修缮，清初增修四面大城楼。平遥古城呈方形，东西、南北长约1500m，城内住宅群占地2.25km^2。古城内不仅保存着完好的城墙，还集古寺庙、古市楼、古街道、古店铺和古宅于一体，构成完整的古建筑文物群。平遥古城内的四合院正房多为独立式窑洞，部分民居的厢房及倒座房也为独立式窑洞。

距离米脂窑洞古城80km的碛口古镇，从明代至清代也建设了大量窑洞四合院。明代战争频发，碛口古镇作为黄河边的重要港口，对物资运输至关重要，因此迅速从农业镇发展为以物资运输和贩卖为主的商业重镇。据《临县志》记载，清代雍正年间，碛口古镇的店铺达400间，商店街有5条之多，成为区域商贸中心，其繁华程度远超同时期的米脂窑洞古城。

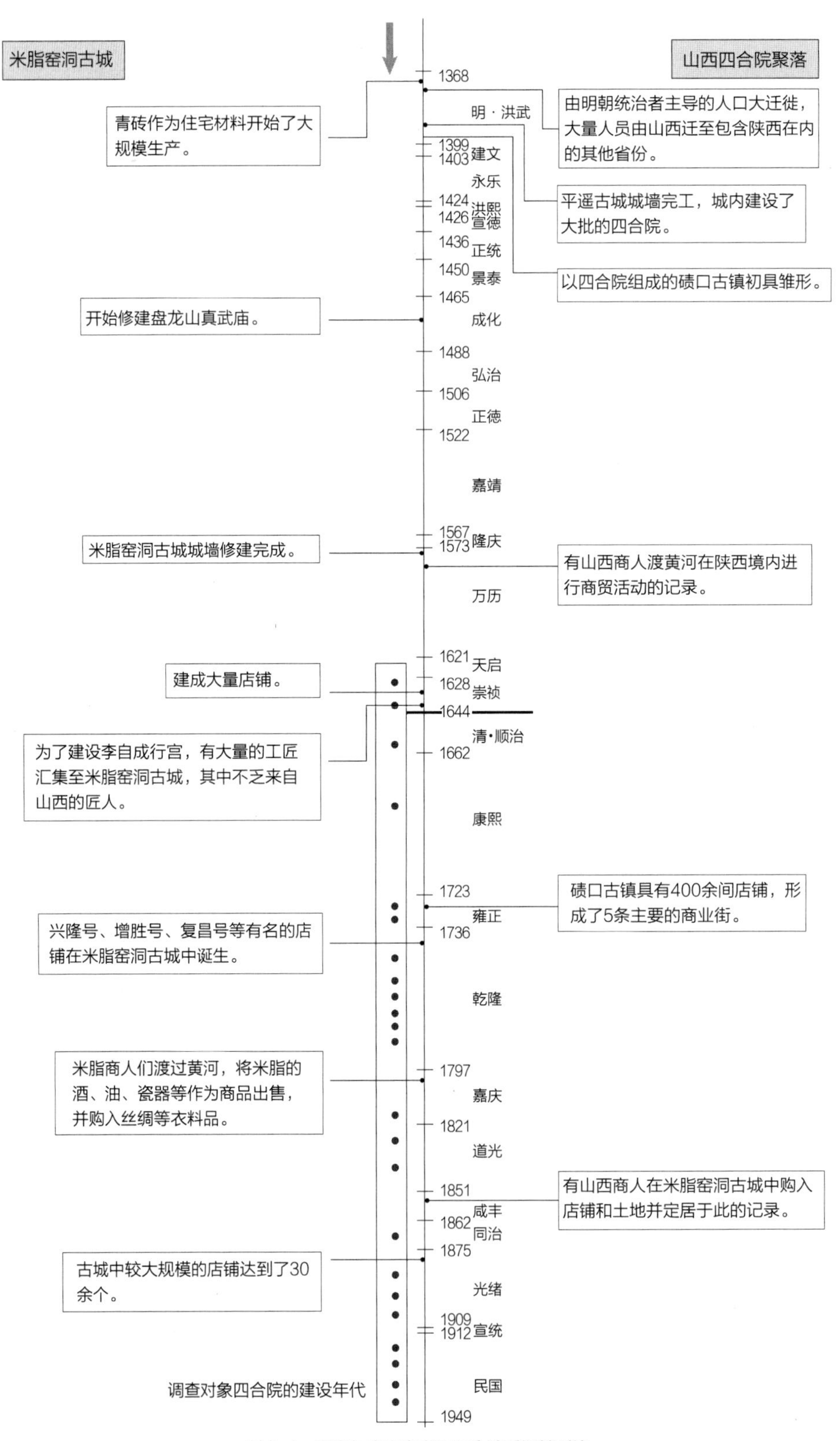

图 3-1　米脂与山西省窑洞四合院时间轴对比

由此可见，无论是平遥古城还是碛口古镇，其建设历史均比米脂窑洞古城更为悠久，规模也更大。

3.1.2 院落构成

表3-1对比了米脂窑洞古城与平遥古城四合院的建筑类型，结果显示：米脂窑洞古城四合院的正房均为独立式窑洞，而平遥四合院中独立式窑洞仅占八成。此外，米脂窑洞古城四合院窑洞形式的厢房和倒座房的比例也高于平遥。这表明，米脂窑洞古城四合院虽受其他地区合院文化影响，但其重要居住空间更倾向于窑洞形式。

表3-2对比了2009—2019年间米脂县与平遥县的气象数据，结果显示两地年平均降水量相近，但米脂县冬季气温更低。由此推测，米脂居民更倾向于选择蓄热性能良好的窑洞作为居住空间。

米脂窑洞古城和平遥古城四合院的对比 **表3-1**

指标	米脂窑洞古城	山西平遥古城
城墙修建年代	明·成化年	明·洪武年
建设年代	主要由清-国民政府时期	明-清
聚落规模	0.47km^2	2.23km^2
住宅规模	1-3进院落	1-6进院落
主导产业	农业→商业	农业→商业
四合院构成	正窑：100% 厢窑：16.2% 厢房：83.8% 厅窑：26.5% 厅房：73.5% 依据本书调查对象的31院四合院数据	正窑：79.4% 正房：20.6% 厢窑：14.3% 厢房：85.7% 倒座窑：14.7% 倒座房：70.6% 无：14.7% 依据参考文献17中记载34院四合院数据

2009—2019年米脂县与平遥县气候数据比较 **表3-2**

指标	年平均气温	1月平均气温	7月平均气温	年平均降水量	森林覆盖率
米脂县	8.5℃	-9.9℃	23.5℃	451.6mm	17.7%
平遥县	11.8℃	-4.0℃	23.6℃	439.0mm	23.0%

可以说，米脂窑洞古城四合院是以山西等地四合院为蓝本建造而成，是窑洞文化与四合院文化融合的产物。尽管其平面构成与山西四合院差异不大，但独立式窑洞的比例更高，体现了对米脂地区的气候与文化适应性。

3.1.3 人口流动与文化交流

元代末年，河北、山东、河南、陕西及安徽等地因连年战乱人口锐减，农田荒芜。

相比之下，山西省社会相对安定，居民生活自给自足。明洪武初年，山西人口达 400 万，超过河南与河北的总和。明洪武六年（1373 年）至永乐十五年（1417 年），明政府主导了 18 次大规模人口迁移，从山西向河南、河北、山东、北京、安徽、江苏及湖北等地输出大量人口，陕西、甘肃和宁夏也有较多人口迁入。据记载，米脂现有的杨姓和并姓人口多从山西迁入，随之带来了山西四合院的建造技术。

明代初期，山西商人开始活跃于全国。《米脂县志》记载，清代咸丰年间有山西商人来米脂居住并建造四合院，嘉庆年间山西工匠参与米脂四合院的设计与建设，并向当地居民传授建造技艺。与此同时，米脂窑洞古城自明代后期成为地区经济与商贸中心，清代嘉庆年起，米脂商人多从山西汾阳、祁县和平遥等地购入丝绸与衣料，并在当地销售米脂的酒、油和瓷器。随着两地商人的交流，山西四合院的空间构成逐渐被米脂商人推崇，四合院形制的住宅与商铺开始在米脂窑洞古城兴建。

综上，从明代开始，米脂窑洞古城的青砖生产成本逐渐降低，成为普遍使用的建筑材料。最初的四合院由驻守官兵的后裔修建，随着陕西与山西商贸活动及匠人交流的增加，米脂窑洞古城中四合院形制的住宅逐渐增多。与平遥古城相比，米脂窑洞古城的聚落与院落规模较小，四合院建设年代较晚，独立式窑洞比例较高。可以说，米脂窑洞古城四合院是在山西四合院文化影响下建造的、窑洞文化得以较多保存的特色民居建筑。

3.2 米脂窑洞古城四合院院落构成

3.2.1 其他地区四合院的特征

四合院作为中国传统民居的典型布局样式，在不同历史阶段和地区展现出独特的魅力与特色。为探究米脂窑洞古城四合院的建筑学特征，本书选取北京四合院、山西平遥四合院和关中党家村四合院作为对比案例，分析其与米脂窑洞古城四合院的异同（图 3-2）。

根据中国科学院的气候分区，北京、平遥、米脂和党家村均属于温带季风性气候区，冬季寒冷干燥，降水多集中于夏季。从聚落规模来看，北京、平遥、米脂、党家村的规模逐渐减小。尽管聚落建设时期的人口数已无从考证，但现在居住人口数量也基本遵循这一递减趋势。

1. 北京四合院

北京城有约 3000 年的可考证历史，作为中国 13 朝古都，现为政治、经济和文化中心。元代科学家刘秉忠规划的元大都奠定了北京城的基本格局，沿胡同走向建设了

北京四合院　山西平遥四合院
米脂四合院　关中党家村四合院

图 3-2　其他地区四合院照片

大量宅邸，多为皇亲或官员住宅，建筑规模较大。现存四合院多为清代以后建造，基本形制为三进院落，主体建筑为砖木结构，布局遵循“坐北朝南”，主要居住空间位于最北侧。北京四合院中虽包含大规模宅邸，但为与米脂窑洞古城四合院对比，本书选取规模较小的院落作为案例。

2. 平遥四合院

在 3.1 节中，平遥四合院已被用作论证米脂窑洞古城四合院受山西四合院文化影响的案例。本节将进一步横向对比两地四合院的空间构成特征。平遥古城的历史可追溯至 2700 多年前的西周，周宣王为抵御游牧民族侵扰修建了古城墙。现存城墙始建于明洪武年间，修缮于清代，是我国保存完整、规模较大的城墙之一。

平遥四合院为明代富裕群体所建，因其合理规划与高度艺术性而备受赞誉。四合院由独立式窑洞和砖木结构房屋构成，规模因所有者财力而异，现存四合院从一进院到六进院不等。

3. 党家村四合院

陕西省韩城市现存 16 处元代古建筑，并有大量保存完好的明清住宅聚落。1987

年秋与 1989 年 5 月，中日联合调查团队对党家村四合院的空间构成、建筑形式及家具样式进行了系统调研，成果总结为日文版和中文版书籍。

党家村位于韩城市中心东北约 10km 处，现有约 300 户家庭、1400 人居住。其历史可追溯至元至顺二年（1331 年），最初为党氏家族迁居此地，采用挖掘方式建造靠山式窑洞。随着经济收入增加，明代开始建设四合院，至明末约有 30 院四合院，居住 100~200 人。清代，党家村逐渐转型为商业城镇，居民收入增加，大规模建设四合院，形成现有聚落布局。四合院多为一进或二进的小规模院落，房屋以砖木结构为主，无独立式窑洞。

3.2.2 米脂窑洞古城四合院空间构成

类似于西安或者北京的网格状城市，其四合院的布局多为将主要居住空间面南布置，但米脂窑洞古城受地形影响较大，四合院多沿等高线布局，面向东南或西南设置主要居住空间的案例较多。住宅临“大街”布置时，入口并没有完全按照临街布局，而是部分设置在人流量较少的小路上。图 3-3 所示的街区中的四合院彼此独立，但是在几个院落共用的围墙上发现了曾经设置的小门，推测现有的多个小型院落在建成时曾经是一个较大的四合院。

在 2019 年和 2020 年的两次调研中，发现米脂窑洞古城中现存有明显四合院特征的院落大约有 260 院，本书将对测绘和访谈调研的 31 个院落进行分析和考察。31 院

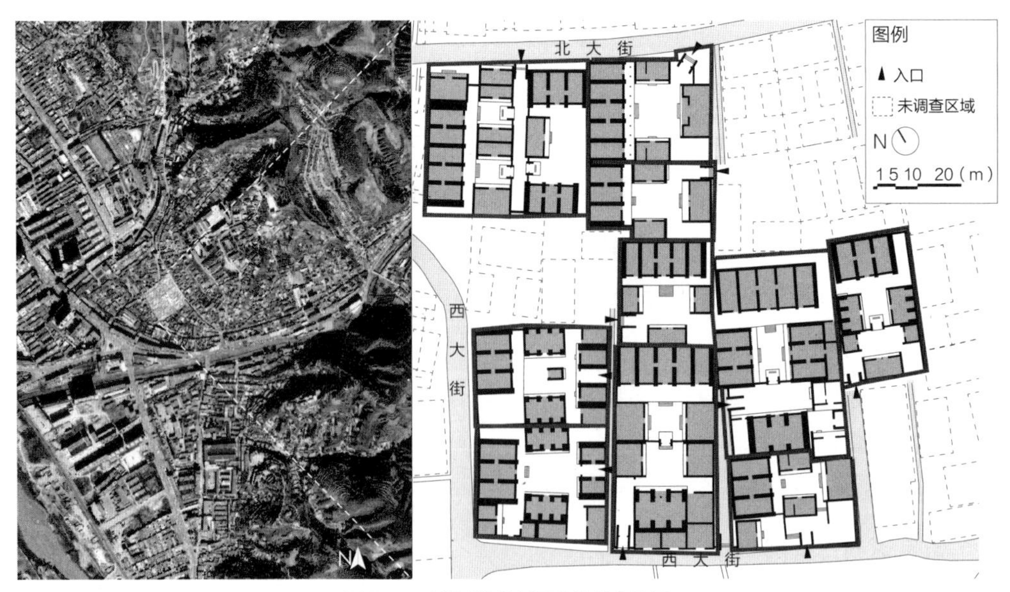

图 3-3　米脂窑洞古城四合院分布特征

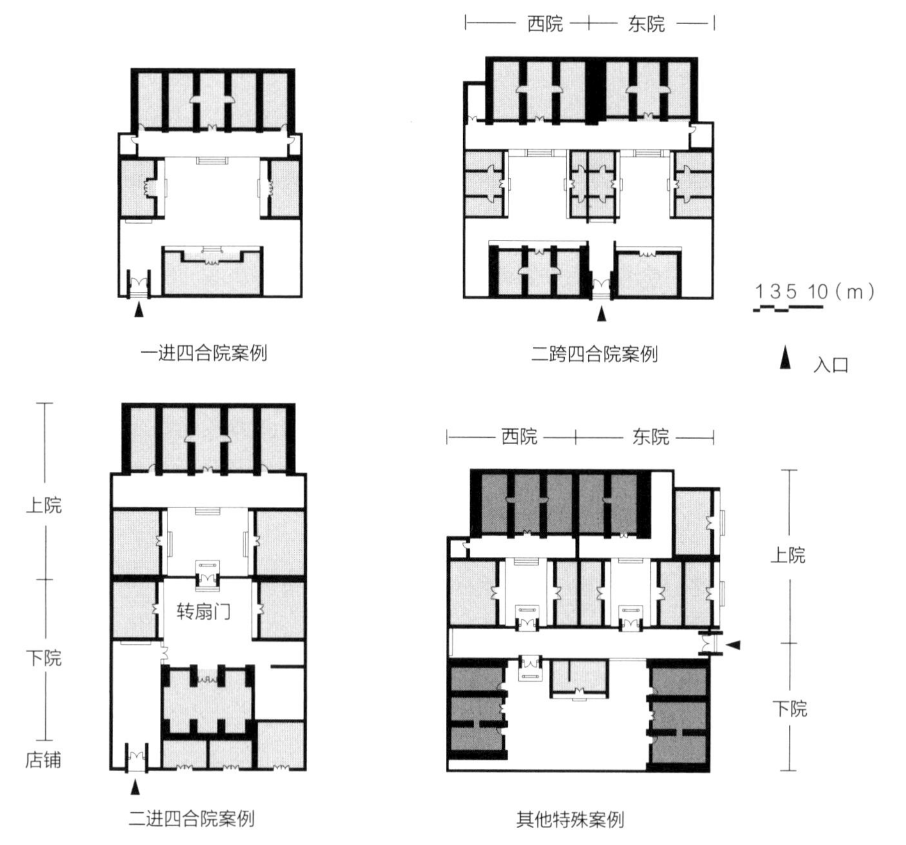

图 3-4 米脂窑洞古城四合院院落分类

中，16 院为一进四合院，11 院为二进四合院，4 院为二跨院（图 3-4）。在二进四合院中，靠近入口的院子称为“下院”，一般作为待客、佣人居住或祠堂使用。二进院被称为“上院”，一般为院落主人及其家人居住的地方。从空间排序来讲，上院一般更为开阔，建筑形制也会更高。一进院和二进院之间设有中门，大多是由两扇门组合而成的“转扇门”，第二枚门扇被称为“屏门”，只有在婚丧嫁娶的时候才会打开，日常生活一般由两侧出入。开间方向有两个院子的四合院被称为“二跨四合院”，一般分别称为“西院”和“东院”，东西两院的空间排序没有发现明显的差异，但根据实际使用情况的不同，建筑形制也有其相对应的区分。此外，还有多个院子嵌套形成的特殊案例。

北京四合院和平遥四合院在院子的连接方式上较为多样，除了通过中门连接前后院外，还常见木造的“过厅”等形式。过厅不仅作为连接前后院的通道，还具有遮风挡雨的功能，同时可以作为临时休息或会客的场所。这种设计既增强了空间的连贯性，也提升了使用的灵活性。在米脂窑洞古城四合院中，院子的连接方式相对简单，以中门为主，木造过厅等形式较为少见。这种设计可能受到当地气候条件与经济水平的限制，同时也反映了米脂窑洞古城四合院更注重实用性与功能性。

北京四合院中，多跨院中常常将一侧的院落作为景观园林，种植花草树木，设置假山水池，营造出一种宁静和谐的氛围，兼具实用性与观赏性。这种园林化的设计不仅提升了居住环境的质量，也体现了居民对自然与生活的热爱。党家村四合院中，二进院或二跨院常被用作家畜饲养场地或干农活的空间，反映了党家村居民以农业为主的生活模式。

在米脂窑洞古城四合院中，多跨院的设计中几乎没有发现景观园林的存在（图 3-5）。这可能与当地的自然环境和经济条件有关，米脂地处黄土高原，水资源相对匮乏，园林建设的成本较高。此外，米脂窑洞古城四合院更注重居住与商业功能的结合，景观设计并非优先考虑的内容。作为商人的住宅，许多四合院将临街的房屋作为店铺使用。此外，个别四合院中依然保留了以前作为交通工具的马匹、骡子和毛驴的饲养场地。

在米脂窑洞古城四合院中，主人居住的正房均为独立式窑洞，当地称为正窑。正窑通常位于院落的最北侧，坐北朝南，既符合传统风水观念，又充分利用了自然光照与通风条件。在少数案例中，正窑后侧还设有作为仓库的附属窑洞，通常用于

正窑：位于四合院内院的北侧，采用一列三孔、一列五孔的独立式石窑，由于地形限制，米脂窑洞古城中正窑大多朝向东南或西南方向。建设初期主要作为主人居住的房屋使用。

仓储窑：垂直设置于正窑后方，作为存储粮食或者煤炭所用的空间。

厅房/窑：处于正窑栋的对侧，相当于其他地区四合院的“倒座”。主要采用一列三孔的独立式窑洞或砖木结构。建设初期作为佣人的居室、存放祖先牌位或举行活动的场所。

四合院基本形式

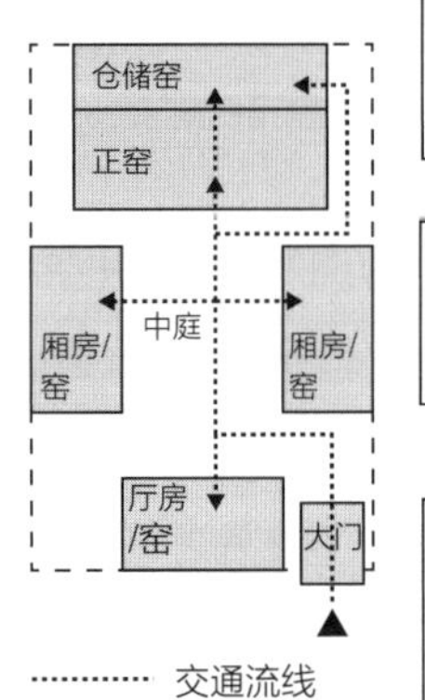

交通流线

墙体

厢房/窑：位于正窑两侧，一般为一列三孔的独立式窑洞或者砖木结构的房屋。以前是住所主人子女居住生活的空间，或厨房或储藏室等辅助用房。

中庭：以中庭为中心的平面布局决定了其重要的沟通连接作用，通常作为家庭成员室外活动、种植绿植、晾晒衣物的空间使用。

大门：在允许进入院落之前的等待空间，进入大门之后通常可以看到照壁或厢房的山墙面，上面雕刻有“福”“吉”等寓意较好的汉字。

图 3-5 米脂窑洞古城四合院基本构成

储存粮食或柴火。这种设计不仅提高了空间的使用效率，也满足了生活的实际需求。与其他地区四合院类似，米脂窑洞古城四合院的两侧房屋称为“厢房”或“厢窑”，通常用于晚辈居住或作为辅助空间，如厨房、储物间等。入口处与北京四合院倒座相对应的房屋则称为“厅房”或“厅窑”，通常作为客厅或会客场所，具有较强的公共性。在砖木结构房屋中，一个柱间距为一开间，常见3开间和5开间的形式。这种开间设计不仅满足了居住空间的需求，也体现了传统建筑的对称美学。独立式窑洞则以“孔”为单位，常见一列三孔和一列五孔的形式。每孔窑洞通常为一个独立的空间，窑与窑之间设有小门相互连通，既方便了家庭成员之间的往来，又保持了空间的私密性。

1. 大门和照壁

在米脂窑洞古城四合院中，入口大门不仅是住宅的重要组成部分，也是展现主人身份与文化品位的重要空间。其形式多样，既体现了传统建筑的风格，又融入了地方特色与时代元素。米脂窑洞古城四合院的入口大门多作为进入住宅的等候区使用，兼具实用性与装饰性（图3-6）。其形式多样，主要包括以下几种：

（1）砖木结构双坡屋顶大门：这种大门开间约2m，进深约3m，采用砖木结构，屋顶为双坡设计，类似于北京四合院的垂花门。双坡屋顶不仅具有良好的排水功能，也增添了建筑的层次感与美感。

（2）拱形门：拱形门与窑洞形式相呼应，采用砖石砌筑，顶部为拱形结构。这种设计不仅与窑洞的整体风格协调一致，也增强了入口的视觉冲击力。

（3）融合西洋要素的设计：部分四合院的入口大门融合了西洋建筑元素，如拱形门廊、雕花装饰等，反映了清末民初时期中西文化交流的影响。

在米脂窑洞古城四合院中，有3个院落将倒座位置的厅窑中间孔作为入户通道。这种设计在其他地区（如北京、平遥、党家村）的四合院中未见相同案例，但在功能上与其他地区将砖木结构倒座房中的一间作为大门使用的做法相对应。这种灵活的空间利用方式，不仅提高了入口的实用性，也展现了米脂四合院在建筑布局上的创新与适应性。在多个院落中入口处仍悬挂有保留完好的匾额，上书“堂构维新”等字样，寓意家族兴旺、代代相传，体现了主人对家族未来的美好期许。

进入大门后，米脂四合院与其他地区四合院类似，通常设置有照壁（图3-7），这不仅是四合院中重要的建筑要素，也体现了其深厚的文化内涵。照壁可以是单独的片墙，通常位于大门正对面，与大门形成对景，也可以利用厢房或厅房的山墙，既节省了空间，又增强了建筑的连贯性。照壁的主要功能是遮挡视线，避免外人从大门直接

图 3-6　大门样式

看到院内的情况，保护家庭的隐私。这种设计体现了中国传统建筑中“藏风聚气”的风水理念。照壁常雕刻有“福”“吉”等寓意吉祥的字符，或绘制精美的图案，象征着家庭的幸福与吉祥。在部分四合院中，照壁上还设置土地神神龛，供奉土地神，祈求家庭平安与丰收。这种设计反映了当地居民的宗教信仰与文化传统。

图 3-7　典型照壁样式

2. 正窑

参考现有资料可知，北京四合院正房均为砖木结构，开间数大多为 3、5、7 等奇数，且“一明两暗”的形式被广泛应用，即明室为待客或家族议事的场所，而暗室则是私密性较好的寝房。正房两侧通常还设置有 1 开间或 2 开间的“耳房”，主要作为居室或书斋使用。平遥四合院的正房采用了砖木结构的房屋或者独立式窑洞两种形式，且“一明两暗”或“三明两暗”的平面构成较为多见。而党家村四合院较为特殊之处在于一般将正房称为“厅房”，是 3 开间或者被称为“小 5 间”的末端房屋开间较小的平面布局。建成初期厅房通常不作为居室使用，而是作为宗祠或待客的场所使用。

米脂窑洞古城四合院中，正窑孔数以三孔和五孔居多，其中“一明两暗”的形式较为常见。这种布局不仅满足了家庭生活的多样化需求，也反映了古代建筑中的空间秩序与文化内涵。从院子进入室内需先经过“明”室，再进入私密性较强的“暗”室（图 3-8）。据访谈调研，过去的使用方式为：中间窑洞用于待客或家族议事，左右两孔则为主人及长子的卧室。这一布局与北京、平遥四合院的使用方式一致，体现了传统四合院在功能分区上的普遍性与合理性。正窑通常建在 0.45~1m 的月台上，建筑高度高于厢房和倒座，体现了四合院的空间秩序与等级观念。

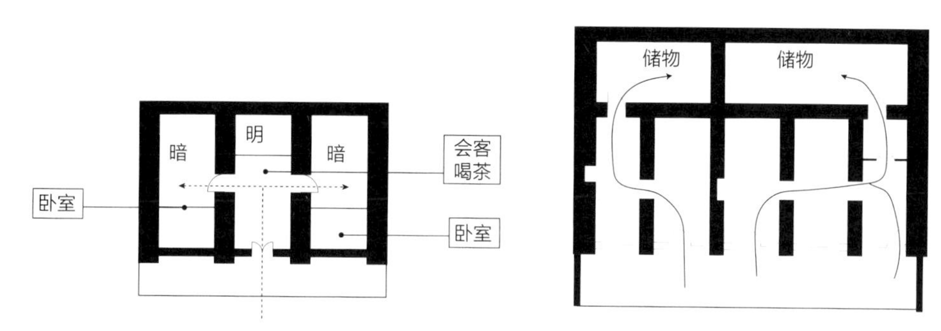

图 3-8　米脂窑洞古城四合院正窑平面示意图

仓储窑多设置于正窑后侧，用于储存粮食、木材或煤炭等燃料。在调研的 31 个院落中，有 3 个院落设有仓储窑，其中一个院落建于清代乾隆年间，其余两个院落建于民国时期。平遥四合院中未见仓储窑案例，但北京四合院中具有类似功能的“后罩房”。由此推测，米脂窑洞古城四合院在设计中汲取了各地四合院的优点，既保留了地方特色，又融入了其他地区的先进经验（图 3-9）。

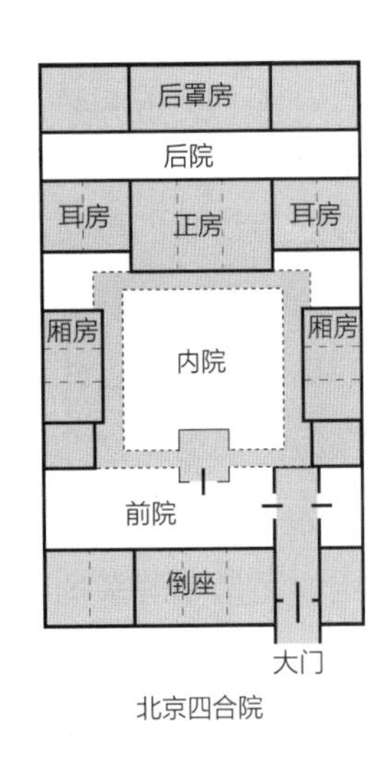

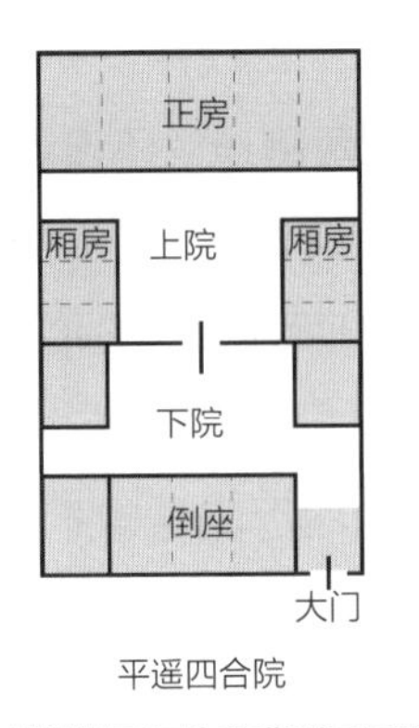

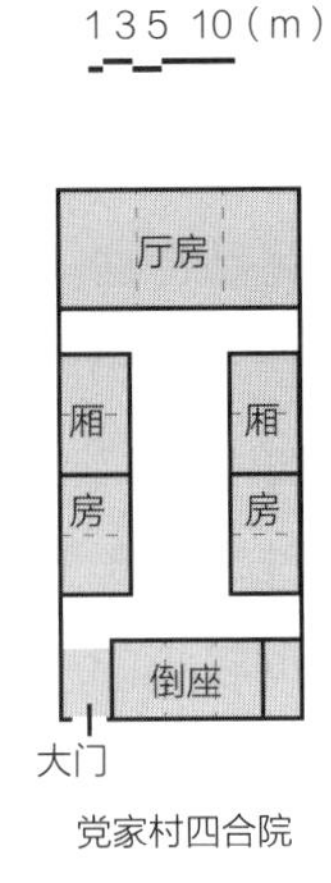

图 3-9 其他地区四合院典型平面图

（根据参考文献 [16-18] 绘制）

3. 厢房（窑）

北京和平遥四合院的厢房多为三开间砖木结构房屋，通常作为子女居室、待客空间或厨房使用。党家村四合院的厢房多为两开间“一明一暗”布局，东厢房多为主人或长子居室，西厢房为其他子女居室或厨房及储藏空间。

米脂窑洞古城四合院的厢房多为三开间砖木结构的房屋或一列三孔的独立式窑洞，空间布局包括“一明两暗”“一明一暗”或无隔断的一室。厢房左右对称分布，主要作为子女居室、厨房及储藏空间使用。

4. 厅房（窑）

在其他地区，靠近入口且与正房相对的房屋称为倒座，多用于佣人居室或仓库（图 3-10）。米脂居民将倒座称为“厅房”（砖木结构）或“厅窑”（独立式窑洞）。

图 3-10 米脂窑洞古城四合院倒座照片

“厅”意为人群聚集的场所，根据访谈调研，厅房最初除用于佣人居室、仓库或店铺外，也有类似党家村四合院的宴会、家族聚集或宗族祠堂功能。与党家村将朝向最佳、位于院落最里端的房间作为厅房不同，米脂窑洞古城将靠近入口的倒座作为厅房，布局更为科学。

5. 中庭

在传统四合院中，中庭不仅是连接各个功能区域的核心空间，也是家庭生活的重要场所，其设计与利用体现了居民的生活智慧。四合院的房屋围绕中庭布置，通过中庭引入自然光线和空气，因此，中庭对于房屋的采光和通风至关重要。此外，中庭不仅是家庭成员聚集闲聊的场所，也是夏季纳凉饮食、衣物晾晒的重要空间。现在，由于多个家庭共同居住于四合院中，同一院落的家庭通常关系更为亲密，中庭不仅是居民生活的中心，也是邻里交流的重要场所。

3.3 米脂窑洞古城四合院建筑单体

米脂窑洞古城四合院中的建筑类型可以分为砖木结构的房屋和独立式窑洞，但是根据建筑结构、规模和内部空间形态又可以将其细化为 4 种建筑形式（图 3-11）。

从内部空间的形式出发，可以将窑洞分为各个孔作为相互独立空间使用的平行孔型和内部空间交叉连通的十字拱型。平行孔型中各孔作为独立空间使用，具有特定功能，如居室、厨房或仓库。而十字拱型内部空间交叉连通，形成开放宽敞的场所，适用于婚丧嫁娶、家族聚餐或议事等活动。根据建筑位置与规模大小，可分为大体量与小体量两类。此外，根据内部空间形式，还可以将房屋分为普通砖木结构的类型和内部设置有小窑洞空间的小窑 + 砖木类型。

3.3.1 窑洞各单体类型

现将一孔窑洞的开间和进深的关系、窑腿厚度和孔高的关系、孔高和孔进深的关系表示为图 3-12。

平行孔型窑洞为平屋顶，屋顶铺设耐久性较强的红砖作为保护层。一孔窑洞可作为独立空间使用，也有在孔与孔之间设置小门，遵循“一明两暗”的空间使用模式。在调研的 31 个院落中，有 4 个院落在窑洞正面设置斗拱，并在月台设置木造檐口。平行孔型窑洞常见一列三孔和一列五孔的形式，但孔的大小差异不大。孔的开间集中于 3.11m 左右、窑腿厚度集中于 0.857m 左右。此外，孔的进深分布范围从 5.7m

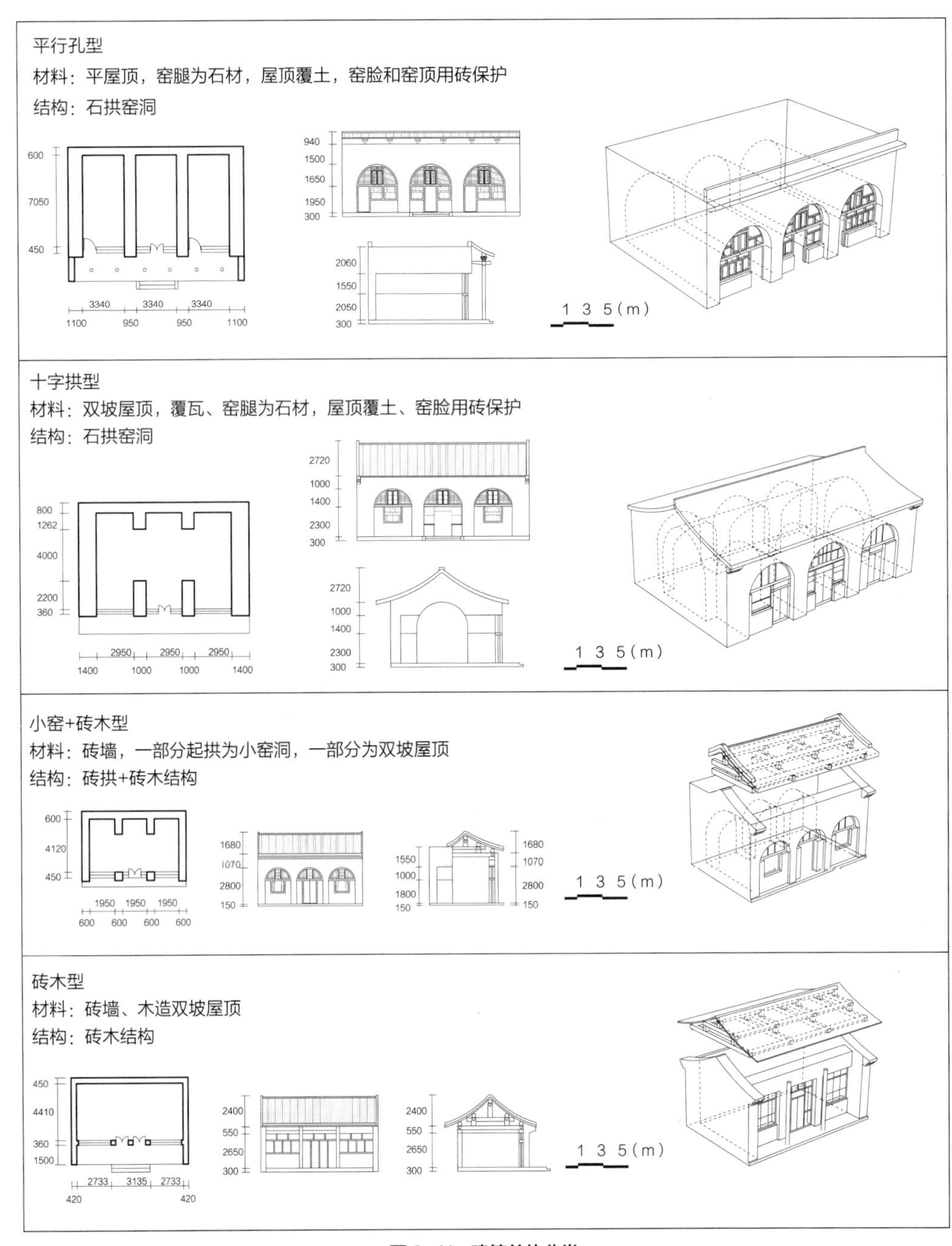

图 3-11　建筑单体分类

到 8.25m、孔的高度则分布在 3m 到 3.9m 的范围。随着窑洞进深的增加，孔的高度也呈增高趋势，这可能是为了改善最里端的采光与通风条件（图 3-12）。

十字拱型窑洞从立面看与平行孔型相似，为一列三孔或一列五孔的空间结构形式。但其空间构成由一个贯通的大窑洞与三到五孔垂直交错的窑洞组成。与平行孔型相比，

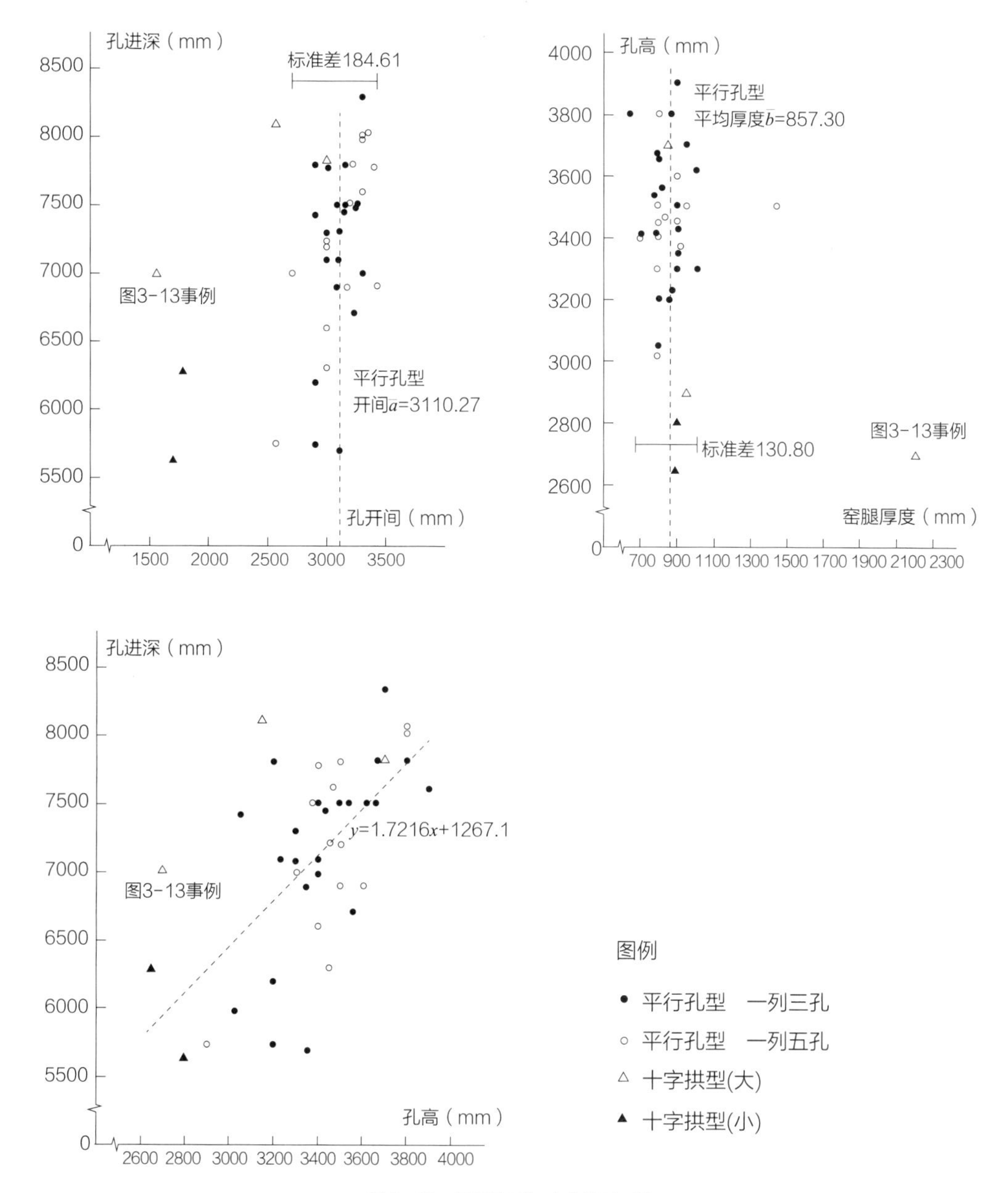

图3-12 平行孔型与十字拱型对比

十字拱型提供了更宽敞、连通的室内空间，且室内可清晰地看到窑洞衔接处的抛物线。米脂窑洞古城中的十字拱型多为以黄土为主要材料的双坡屋顶，上砌青瓦。根据建筑体量的大小，十字拱型可以明显地被划分为大、小两种类型。

体量较大的类型分布于31院中的3院，其中2个院落作为厅窑使用，建筑的规模与普通的一列三孔的平行式窑洞没有明显差异，以前作为婚丧嫁娶时接待客人或者人群聚集议事的场所使用。另外一个院落中，作为正窑使用的十字拱型始建于明朝末年，立面开口非常狭小，推测是初期比较特殊的案例（图 3-13）。而体量较小的类型分布于 2 个院落中，均为开间 1.75m 左右、窑腿厚度 0.9m 左右的厢窑，作为连通的一室使用（图 3-14）。

在现有的关于平遥四合院的研究中，没有发现有关十字拱型的记载，但是距离米脂县 130km 的子长县发现了建于民国十三年（1924 年）的县衙具有同样的结构。因

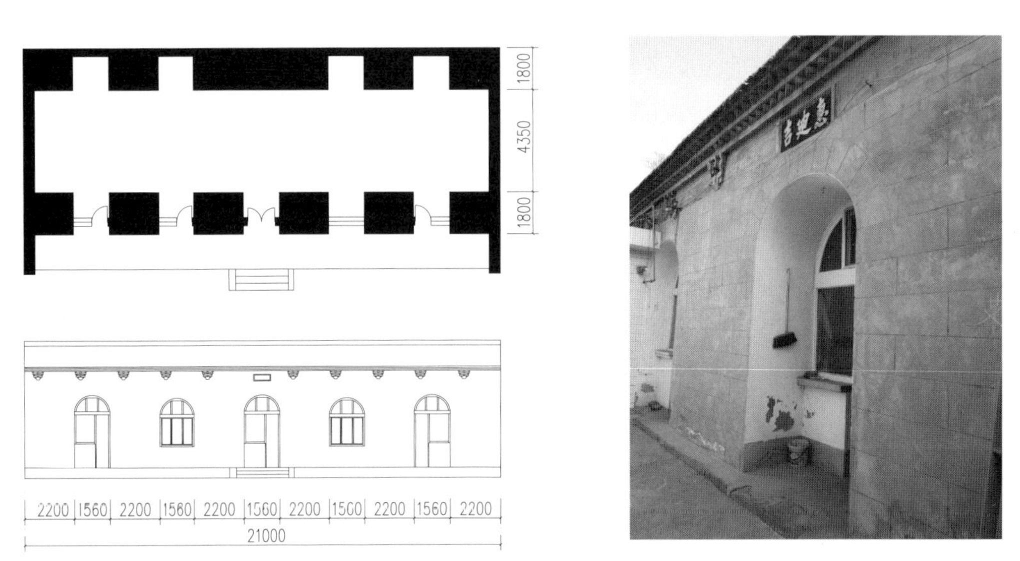

图 3-13　十字拱型特殊案例

图 3-14　十字拱型一般案例照片

此可以推测，十字拱型曾经作为一种较为特殊的窑洞形式，兼顾当地窑洞传统和大空间功能需求，在某一个历史阶段内多地都进行了建设，但是可能由于建设难度较高或空间使用存在不便等原因，后来建设量逐渐减少，只有少量保存至今。

3.3.2 房屋各单体类型

小窑 + 砖木型房屋由两部分组成：内侧设有三孔体量较小的窑洞，临中庭部分为砖木结构，立面常设计为与内侧小窑呼应的圆弧形入口和窗洞。这种形式融合了窑洞与房屋的特点，在调研的 31 个院落中共发现 7 例，据称是清代末期较为流行的样式。小窑的开间多在 1.6m 到 1.95m 之间，平均 1.79m，基本是平行式窑洞开间的 1/2~2/3。小窑的进深从 1m 到 2m 不等，平均 1.70m，多设有火炕。

现今，在部分院落中，隔热性能较好的小窑仍保留火炕，作为就寝空间或收纳室使用，而砖木结构坡屋顶的空间则作为主要活动空间（图 3-15）。据居民访谈，过去小窑多用于孩子就寝，砖木结构部分因空间开敞连通，常作为读书或活动空间。这种平面布局既保护了同住一室孩子的隐私，又提供了宽敞明亮的活动场所，结合了窑洞与房屋的优点，符合当时的使用需求，设计合理可行。

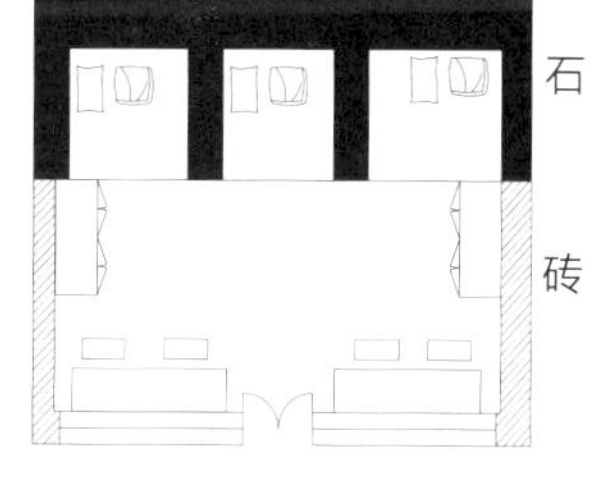

图 3-15 小窑 + 砖木型结构案例

米脂窑洞古城中的砖木结构房屋与其他地区无明显差异，墙体厚度为 0.33~0.5m，屋顶多为硬山形式。房屋立面由砖墙和木造门窗构成，一个开间通常对应 4 扇雕花门。与北京、平遥四合院相比，米脂砖木结构房屋的装饰性雕花和斗拱使用较少，整体风格更为朴素（图 3-16）。

图 3-16　砖木结构房屋案例

3.4　各建筑类型对比

3.4.1　各类型的位置和面积

在米脂窑洞古城四合院中，各类型建筑单体的分布与规模呈现出一定的规律性（表 3-3）。平行孔型窑洞广泛应用于正窑、厢窑和厅窑，而大体量十字拱型多用于厅窑，小体量十字拱型则多见于厢窑。砖木型结构房屋主要用于厢房和厅房，而小窑 + 砖木型则多用于厢房。

通过对 31 个院落的调研，各栋建筑的开间和进深如图 3-17 所示，整体规模趋势表现为正窑 > 厢窑 > 厅窑 > 厅房 > 厢房。大体量十字拱型与平行孔型窑洞的规模无明显差异，而小体量十字拱型的规模介于厢窑与厢房之间。砖木型结构厢房的开间跨度较大，分布范围为 5.0~8.65m，而小窑 + 砖木型的开间集中于 7.5m 左右，约为平行孔型窑洞开间的 2/3。此外，厅房的开间和进深分布范围较广，推测因建成年代与功能不同导致建筑体量差异较大。这些分布与规模特点反映了米脂窑洞古城四合院在功能布局与空间设计上的多样性与适应性。

各类型建筑单体的分布　　表 3-3

类型	平行孔型	十字拱型	小窑 + 砖木型	砖木型
正窑	30 院	1 院（大）	—	—
仓储窑	3 院	—	—	—
厢房 / 窑	5 院	2 院（小）	7 院	18 院
厅房 / 窑	8 院	2 院（大）	1 院	22 院

注：上院中设置有厢窑、而下院为厢房的案例有 1 例；西院和东院分别设置有厢房和厢窑的案例有 2 例。

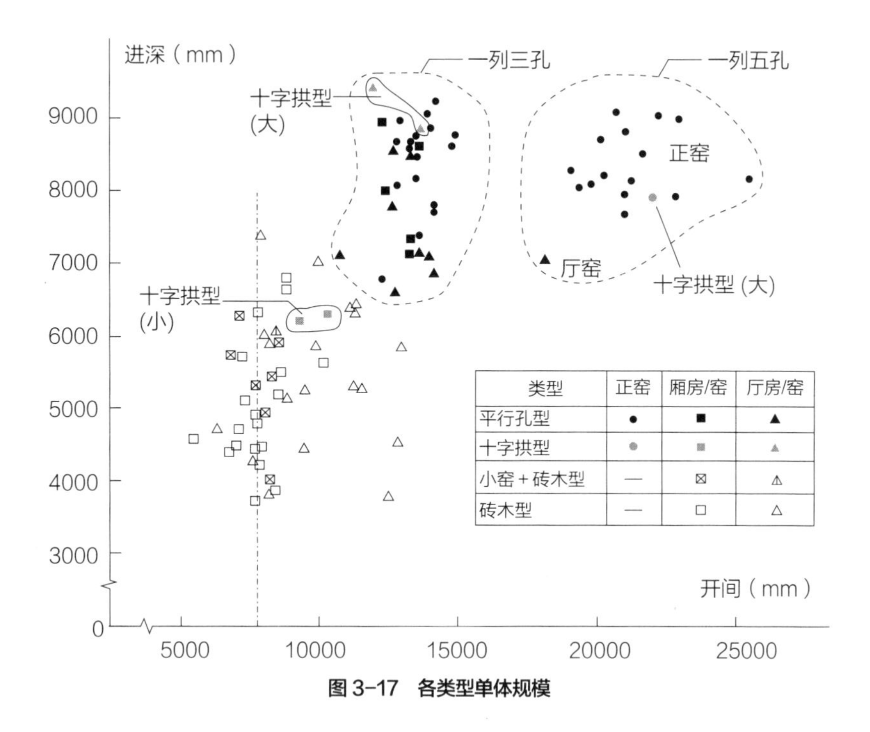

图 3-17　各类型单体规模

3.4.2　各类型建筑单体的建设年代

随着历史的发展与变迁，许多院落经历了改造与更新。本书试图还原这些院落建成初期的风貌与使用情况。基于米脂县文化和旅游文物广电局的调研资料、居民访谈及实地测量，图 3-18 展示了可确认建成年代的 23 院四合院的建设关系。从图中可以看出，平行孔型窑洞与砖木型结构房屋的建设从明末持续至民国时期。十字拱型和小窑 + 砖木型的事例虽然数量较少，但还是可以看出十字拱型窑洞的建设多集中于清代道光年前，而结合窑洞与砖木结构特点的小窑 + 砖木型则多建于道光年后。

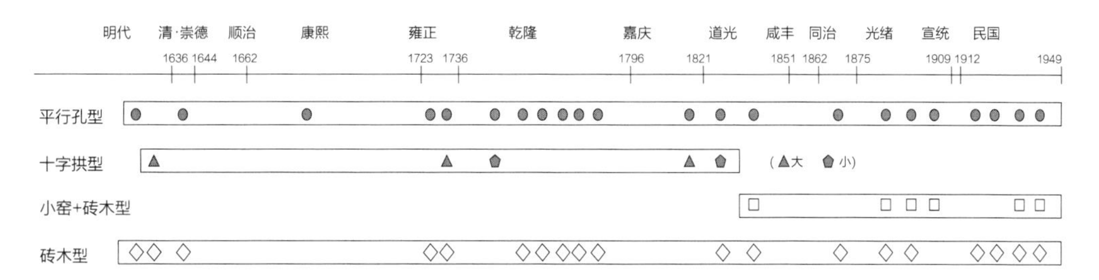

图 3-18　各类型建筑单体的建设年代

米脂一月平均气温为 -9.9℃，窑洞因其良好的蓄热性能，作为居住空间非常合理。在院落中建设较大体积的厢窑较为困难的情况下，面向中庭开口的小体量十字拱型成为最优选择。然而，其分隔墙壁较厚，导致空间划分零散，使用不便（图 3-19）。相比之下，小窑 + 砖木型结合了窑洞的蓄热性能与砖木结构的宽敞空间，充分利用了两者的优点，体现了建筑设计的智慧与实用性。

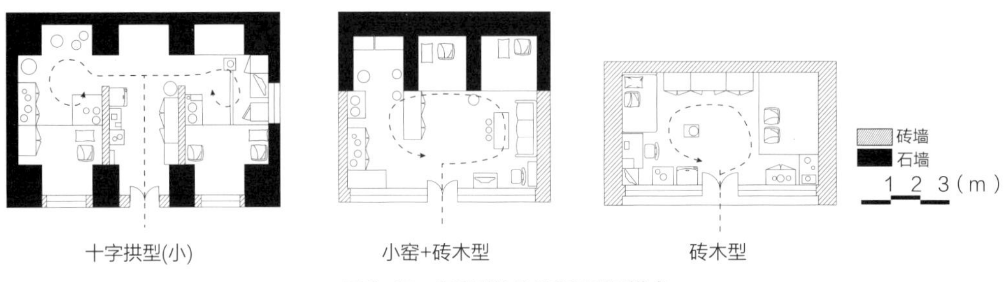

图 3-19　各类型单体的空间利用模式

3.5　四合院案例分析

3.5.1　一进四合院

该院落建于 1930 年左右，虽因房屋维护及新设备引入经历了多次修缮与改建，但其平面构成始终维持初建时的布局，展现了传统建筑在功能与形式上的持久生命力。基于访谈结果，图 3-20 展示了院落建成初期的平面图，还原了其原始风貌与功能布局。院落为典型的一进四合院，入口面向新民巷，厅房（倒座）山墙上设有第一枚照壁，转身即可进入大门。照壁不仅起到遮挡视线的作用，还体现了传统建筑中的风水观念与文化内涵。

厅房采用“小窑 + 砖木型”结构，曾作为祖祠使用，现后方小窑中仍放置家族先辈的牌位。西厢房采用“小窑 + 砖木型”结构，小窑设有火炕，曾作为孩子寝室。东厢房为砖木结构，曾作为厨房使用，推测为保障道路与中庭宽度，牺牲了东厢房的进深，未设置小窑。这种布局体现了四合院在功能分区上的灵活性与实用性，同时也反映了对空间利用的细致考量。

正窑位于院落最北侧，为一列三孔的独立式窑洞，孔与孔相互连通，采用“一明两暗”模式。中间孔内侧设火炕，邻近门的空间用于接待客人或家庭聚餐；左右两侧的孔作为寝室，私密性较强。建成初期，妇女的绣花、缝补等手工作业多在火炕上进行，因此火炕设于窗下以获取更好的采光。值得一提的是，正窑后侧设有单孔仓储窑，

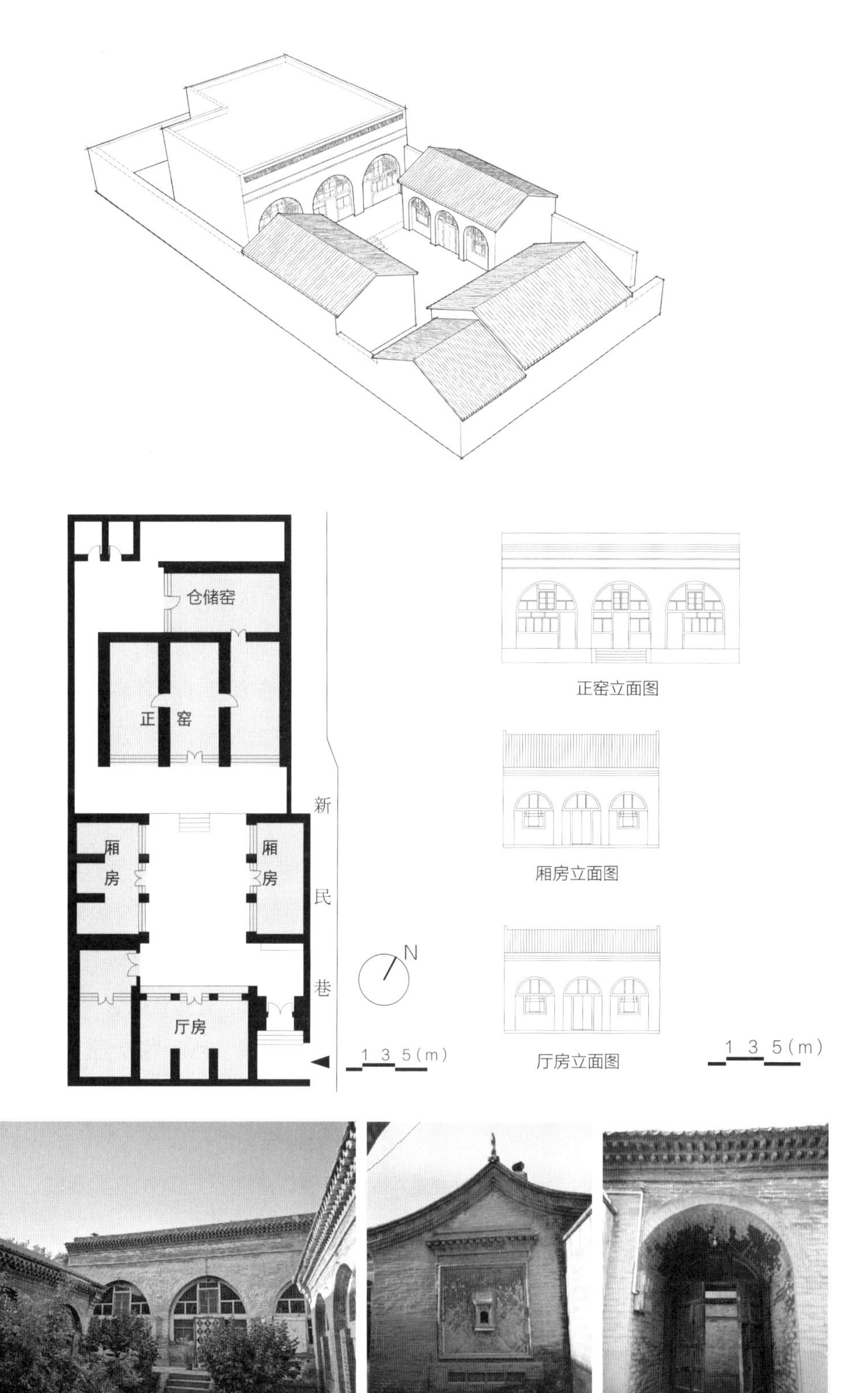

图 3-20 一进四合院案例

曾用于收纳农具与储藏粮食，并通过小门与正窑相连。

3.5.2 二进四合院

西大街 45 号，又称“高家大院”，建于清代嘉庆二十四年（1819 年），是米脂窑洞古城中一座典型的二进四合院（图 3-21）。院落整体开间 27.75m，进深 41.18m，规模宏大，布局严谨，展现了清代四合院建筑的庄重与典雅。院落的东南角设有书院，是这座四合院的一大特色。1948 年，高氏家族大部分土地、田产和院落被充公，但该院落作为家庭成员自住房屋得以保留。现院落产权归高家第六代传人所有，虽大部分房屋已租赁他人，但因定期维护修缮，保存状况良好，成为米脂窑洞古城中保存较为完好的清代四合院之一。

院落大门紧邻西大街，为砖木结构双坡屋顶，形式庄重大气。进门后即进入“下院”，主要用于家庭成员以外的活动，具有较强的对外功能。下院的设计体现了传统四合院中“内外有别”的空间观念，既满足了家庭生活的私密性需求，又为对外交往提供了便利。该四合院的下院未设厢房，但从其他案例可知，下院厢房多用作书斋或仆人居住。厅窑采用十字拱型，过去用于婚丧嫁娶或年节宴会，可容纳约 60 人。院落东南角设有书院，包含正房、倒座和东厢房，曾作为家庭私塾，用于藏书及孩童教育。书院的设计体现了高氏家族对教育与文化的重视，也反映了清代士绅阶层对家族传承的深远考量。

为避免正窑与大门相对，高家大院在第一进与第二进之间设有“转扇门”。靠近上院的两扇门板称为“屏门”，除举行重要仪式通常关闭，日常出入需从第一扇门进入后，由左右两侧进入上院。上院厢窑为一列三孔，孔与孔之间通过小门连通，推测建成时为“一明两暗”模式。正窑中间三孔也通过小门相连，推测与厢窑使用方式相同，中间孔用于接待客人或家庭聚餐，左右两侧的孔作为寝室，私密性较强，适合主人及长子居住。此外，正窑最西侧的孔曾作为厨房，最东侧的孔曾作为储物间。值得一提的是，正窑屋顶曾建有砖木结构的祖祠，用于祭祀祖先，现已废弃。祖祠的设计体现了高氏家族对祖先的敬重与纪念，也反映了传统家族观念中祭祀文化的重要性。

3.5.3 二跨四合院

该案例院落由西院和东院两个独立院子构成，现所有房屋均租赁使用（图 3-22）。院落建于清代乾隆年间（1736—1795 年），是典型的二跨四合院布局。砖木结构的大门紧邻大街，进入大门后可见西院的二门和东院的过厅。

西院的厅窑为一列三孔的形式，曾作为店铺使用，面向大街开门。这种设计不仅

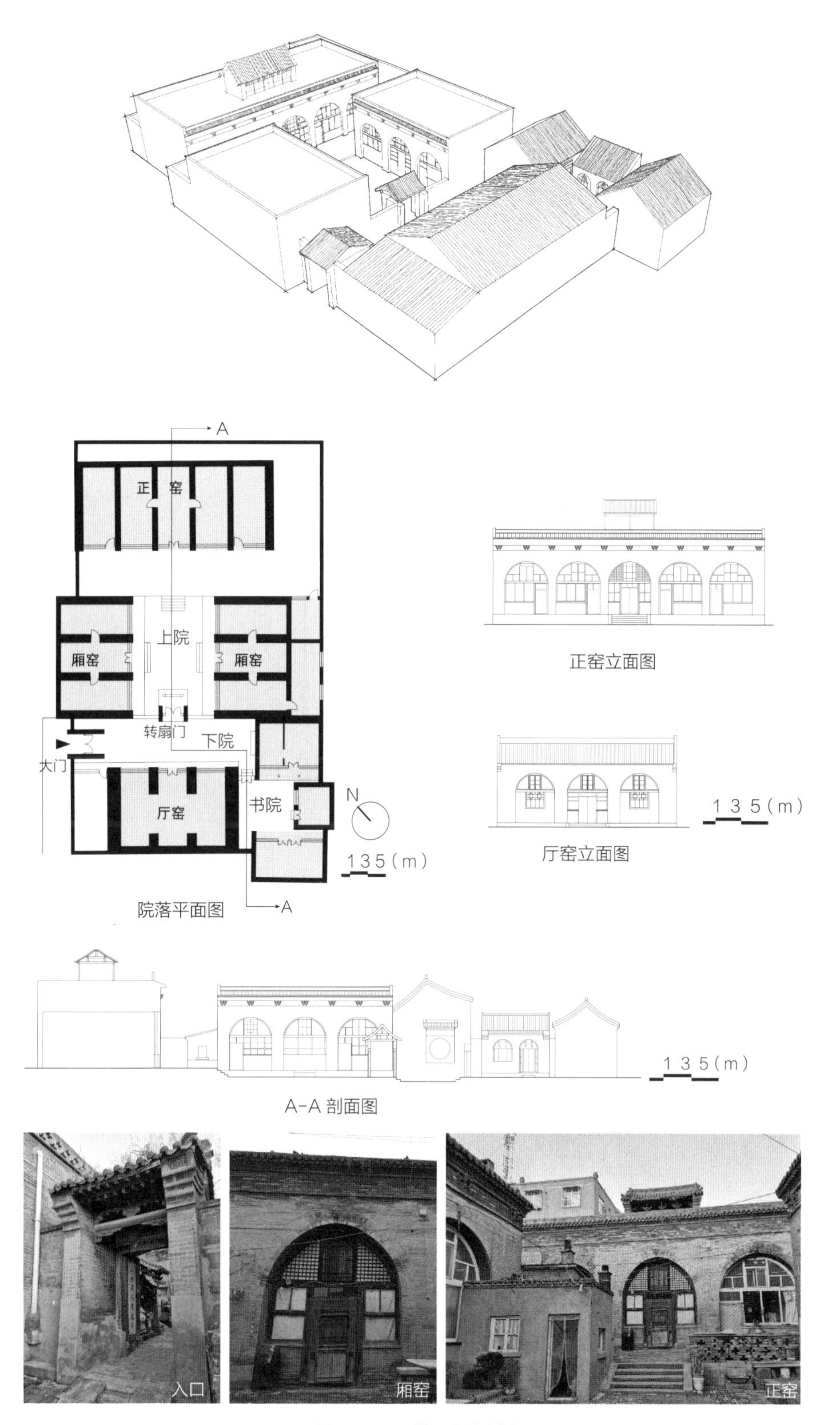

图 3-21 二进四合院案例

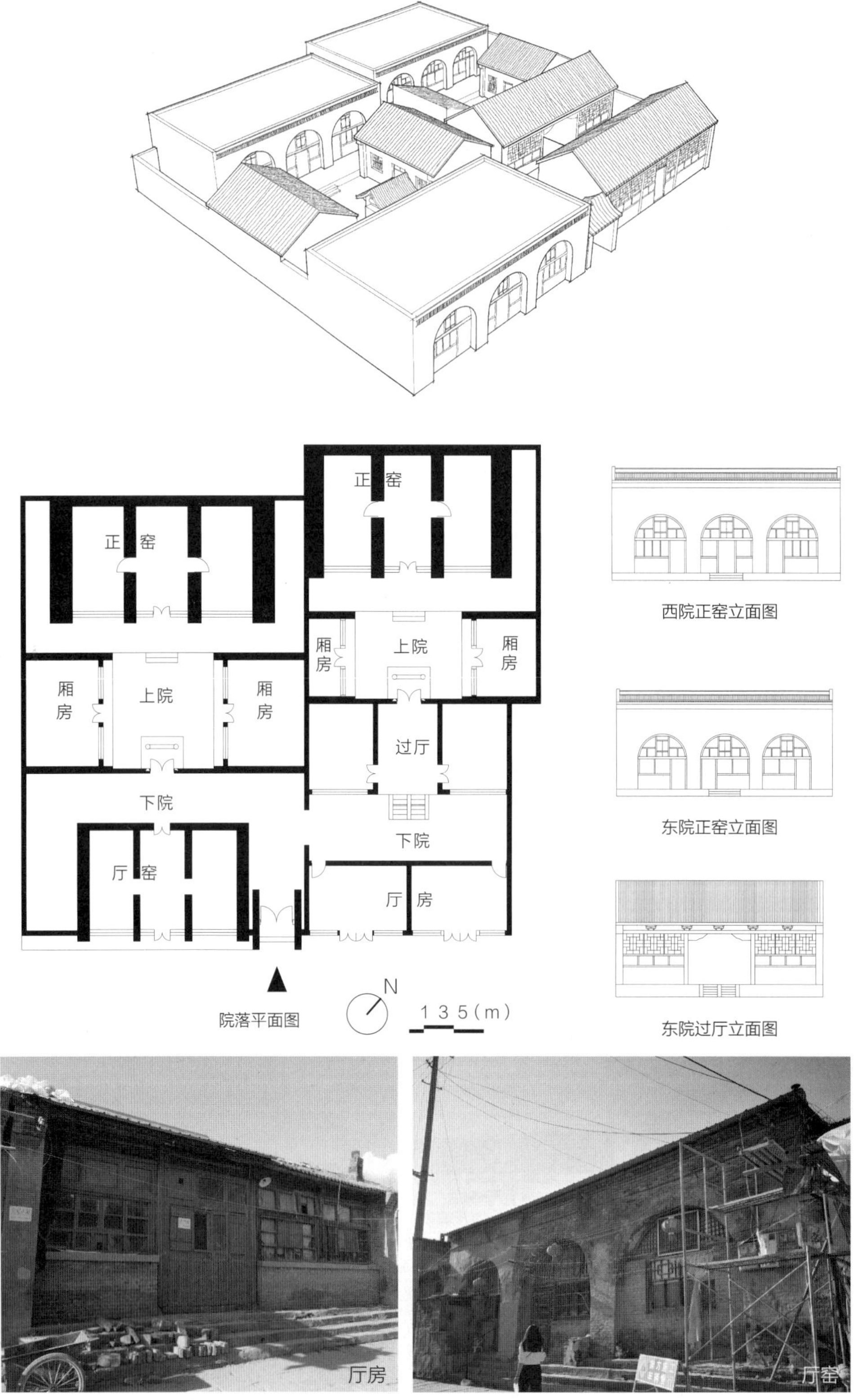

图 3-22　二跨四合院案例

满足了商业活动的需求，也满足了居住的私密性。穿过西院的转扇门，便可进入上院。正窑为“一明两暗”布局，厢房则为三开间的一室。

东院的厅房为三开间的一室房屋，每开间对应四扇木质雕花门，建成初期也作为店铺使用，对外开门。与西院不同，东院未设转扇门，而是采用过厅形式。过厅为三开间砖木结构房屋，正中间一开间为开放式，连通上院与下院。这种设计既增强了空间的连贯性，又为院落提供了灵活的交通流线。东院正窑为一列三孔独立式窑洞，厢房为三开间一室形式，功能布局与西院相似。

3.6 本章小结

四合院作为中国传统民居的代表形式，其形制与规模反映了持有者的社会地位与经济实力。四合院进深方向的中庭数称为“进”，开间方向的中庭数称为“跨”。与其他地区以砖木结构房屋为主的四合院不同，米脂窑洞古城的四合院中，中轴线最里侧的正房由独立式窑洞构成。本书选取的 31 个院落中，2 院建于明末，其余为清代与民国时期所建。通过与其他地区四合院的对比，米脂窑洞古城四合院的空间构成特点可总结如下：

1. 米脂窑洞古城四合院与晋中四合院的关系

米脂窑洞古城四合院与平遥四合院均以窑洞为“正房”，但平遥四合院始建于明代，早于米脂。明代初期，山西向米脂的移民较多，加之两地商贸往来日益频繁，推测米脂窑洞古城四合院是以山西晋中四合院为蓝本，融合当地窑洞文化的结果。米脂窑洞古城四合院中窑洞单体比例较高，可能与冬季气候较平遥更为寒冷有关。

2. 独立式窑洞的广泛应用

米脂县地处干燥寒冷地区，居民利用当地丰富的石灰石与黄土建造独立式窑洞住宅。明清时期，受其他地区四合院文化影响，积累资本的商人修建了以独立式窑洞为主要居住空间的四合院，多为一进或二进的小规模院落。与其他地区相比，米脂窑洞古城四合院中独立式窑洞比例较高，木材使用量与建筑装饰较少。

3. 空间布局与功能划分

米脂窑洞古城四合院在房屋名称上沿用其他地区说法，但将独立式窑洞作为正房时称为“正窑”，通常为年长者或长子居室；两侧厢房 / 窑为子女居室；靠近入口的倒座作为人群聚集空间。这种根据长幼顺序划分平面功能的特点与北京、平遥四合院一致。米脂窑洞古城四合院的独特之处在于，将倒座称为“厅房”或“厅窑”，并作为宗祠、储藏、人群聚集或宴会空间使用。

4. 独特的建筑形式与功能

米脂窑洞古城四合院中，正窑后方设置仓储窑、厅窑中间孔作为出入口等做法在其他地区未见。但北京四合院中有作为仓库使用的后罩房，平遥与党家村四合院中也有将倒座一开间作为入口的案例。推测米脂的做法是当地居民灵活运用于窑洞建筑的结果。

5. 建筑类型的多样性

米脂窑洞古城四合院的房屋类型可分为独立式窑洞与砖木结构房屋。居民更倾向于选择蓄热性能良好的窑洞作为主要居住空间。根据结构与内部空间差异，窑洞可分为平行孔型与十字拱型；房屋则分为普通砖木型结构及后侧设小窑的“小窑 + 砖木型”结构形式。后者是窑洞与砖木结构的合理融合，建于清代道光年后，目前在其他地区未见相同案例。

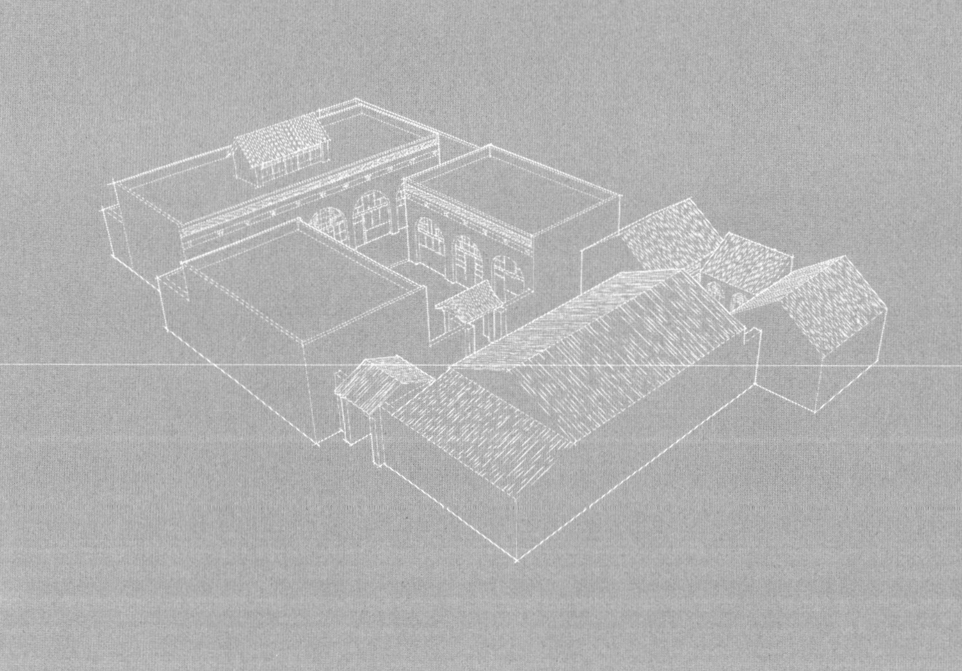

第 4 章

杂居中的空间行为与生活样态

近年来，随着中国传统街区旅游开发的深入推进，以改善人居环境为目标的城市更新与自主改造日益增多。在米脂窑洞古城中，多个无血缘关系的家庭共同居住于同一窑洞四合院内，通常一孔窑洞或一个房间作为一个家庭的生活空间，而中庭与卫生间则作为居民的共享空间。为满足各自家庭的多样化居住需求，居民对院落进行了一系列改造。

杂院化是指传统住宅所有权被分割、四合院从单一大家族居住模式转变为多家庭共同利用的过程。尽管不同地区的杂院化现象存在差异，但院落所有权的分割与多家庭共居的特征却是普遍存在的。本章基于杂院化的视角，探讨传统聚落居住者变迁对院落空间形态的影响，并解析新型居住模式下传统民居在社会中的现实意义。

4.1 “杂院化”的历史进程

从 20 世纪初开始，受社会动荡与经济衰退影响，米脂窑洞古城原住民人口逐渐减少。部分四合院所有者将院落中的住房出售或租赁以补贴家用，传统大家族共居模式被打破，开启了多家庭共居的“杂院化”模式。20 世纪中叶，随着社会制度的变革，房屋与土地资源被重新分配，根据家庭人口数确定居住空间。米脂窑洞古城的四合院作为生活资源被重新划分，一栋房屋或二至三孔窑洞作为一个家庭的生活单元，彻底改变了四合院原有的家族主导居住模式，形成了多家庭共居的“大杂院”（图 4-1）。

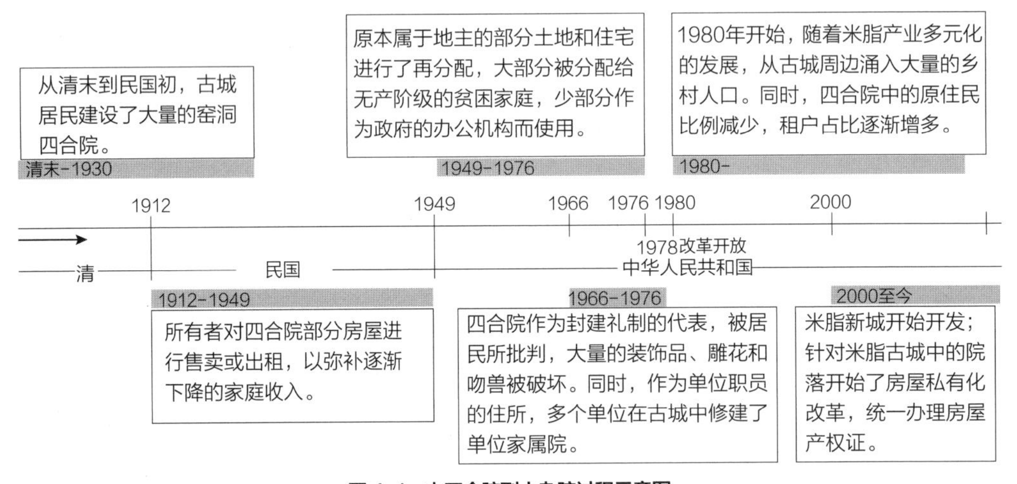

图 4-1　由四合院到大杂院过程示意图

20 世纪 60~70 年代，一场大规模的社会运动对社会、政治、经济及文化遗产产生了深远影响。米脂窑洞古城中的四合院被视为旧时代的象征，在运动中，少数建筑被彻底损毁，多数院落的装饰、雕花与吻兽遭到不可修复的破坏。期间，部分四合院被单位征用为办公场所，也有单位在古城内建设家属院。

20 世纪 70 年代末，随着经济政策的调整，全国经济逐步复苏，米脂产业多元化发展，农村务工人员增加。古城居民开始将闲置房屋出租以赚取租金。80 年代初，家庭规模因政策调整而缩小，进一步导致古城闲置房屋增多，租赁比例提高。

进入 21 世纪后，米脂窑洞古城院落的房屋产权认定工作启动，并颁发产权证书。同时，为保护古城风貌，在古城西侧建设了“新城”，包括多层和高层住宅、医院、学校及政府机关等配套设施。大量古城原住民迁至新城，为了获取更多收益，将四合院的房屋进一步划分为更小的单元进行出租，加速了杂院化进程。此外，农村学校因生源减少而废弃或合并，乡村家庭为子女教育迁入县城。米脂窑洞古城因教育资源优质且租金低廉，成为外来人口的首选落脚点。

2008 年，米脂窑洞古城启动保护性规划与建筑认定工作，禁止大规模改修，要求“修旧如旧”。这些举措在一定程度上缓和了杂院化进程，但随着原住民迁出与租赁者迁入，针对四合院居住环境的改造仍在持续进行。

4.2 居民构成基本信息

目前，在米脂窑洞古城大约 260 个四合院中居住着 0.8 万余人。本书随机选取其中的 160 个家庭进行了问卷和访谈调研，结果显示：拥有房屋所有权的家庭（持有家庭）共 39 个，占比 24.37%；临时居住的家庭（租赁家庭）共 121 个，占比 75.63%。

4.2.1 家庭结构

从米脂窑洞古城居民的年龄构成来看，30~39 岁的人口占比最高，达 19.35%。10 岁以下儿童共有 72 人，占到总人口的 14.66%；10~19 岁的学生共有 88 人，占到总人口的 17.92%（图 4-2）。

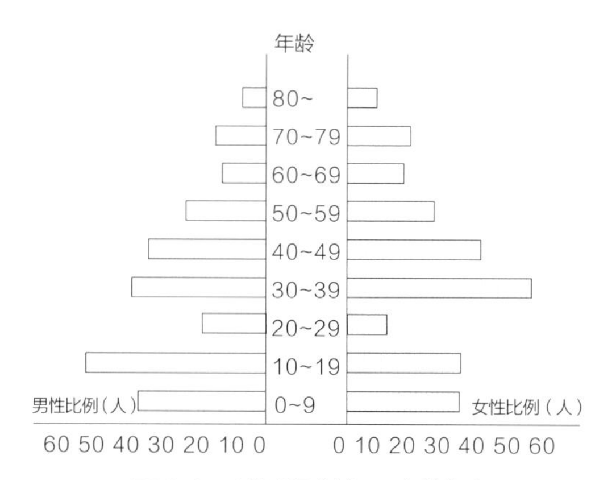

图 4-2 米脂窑洞古城居民年龄构成

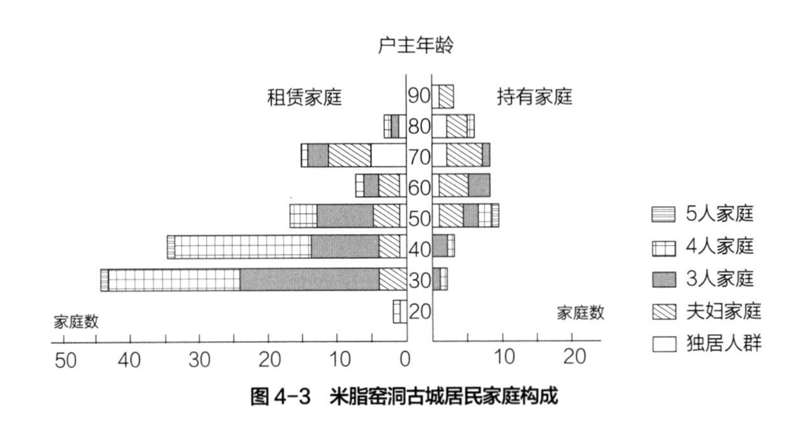

图 4-3 米脂窑洞古城居民家庭构成

将家庭户主的年龄、家庭人数统计为图 4-3。数据显示，平均每个家庭的人口为 2.91 人，大多数房屋持有家庭的户主在 50 岁以上，且家庭人数较少。相比之下，租赁家庭中，户主年龄在 30 岁到 49 岁且包含未成年人口的核心家庭占比较高。总体来看，由 3 人或 4 人构成的核心家庭占到了 64.38%，2 人家庭占比 23.13%，独居人群占比 10.62%。

结合居民访谈可知，大多数租赁家庭以为子女提供更好教育环境为目的进行租住，且孩子的年龄多分布于小学至高中阶段。

4.2.2 居住时间

截至调研时（2019 年 9 月），房屋持有家庭中大多数居住时长为“10 年以上”，而租赁家庭中大多数为“1~5 年”。总体来看，“10 年以上”居住经历的家庭占比 42.5%，其中房屋持有家庭占 22.5%，租赁家庭占 20%。“5~10 年”占比 6.87%，其中房屋持有家庭占 1.87%，租赁家庭占 5%。“1~5 年”的家庭占比 41.88%，“1 年以内”占比 8.75%，均为租赁家庭（表 4-1）。

米脂窑洞古城居民居住时长 **表 4-1**

年数	10 年以上		5~10 年		1~5 年		1 年以内	
	持有	租赁	持有	租赁	持有	租赁	持有	租赁
家庭数（户）	36	32	3	6	—	67	—	14
比例（%）	22.5	20.00	1.87	5.00	—	41.88	—	8.75

4.2.3 来古城居住的契机和继续居住的意向

如表 4-2 所示。

居民的居住经历和继续居住的意向 表 4-2

居住缘由	家庭分类	
	持有家庭	租赁家庭
①为了让孩子可以进入教学条件较好的县城学校接受教育	—	56.87%
②部分原本居住在周边乡村的老年人想和在县城工作的孩子住得近一些	—	16.88%
③家族继承，从儿时就在四合院居住	14.38%	—
④从原有单位购入集体产权的房屋	8.75%	—
⑤其他	1.25%	1.87%
继续居住的意向	家庭分类	
	持有家庭	租赁家庭
①目前没有搬家的意向	22.5%	28.75%
②打算在孩子高中毕业后不再租住，回乡村居住	—	41.25%
③计划近期去米脂新城居住	1.88%	5.62%

米脂窑洞古城居民的居住原委与持续居住意向呈现出多样化的特点。关于居住在古城的原因，14.38% 的居民表示因家族继承自幼居住于此，9.37% 的居民因原单位集体房屋转为个人所有而迁入，56.78% 的居民则是为了给子女提供更好的教育机会，其中多数为母亲伴读、父亲务农，部分为父母双方在县城务工并陪伴孩子读书。此外，16.88% 的老年人选择随子女迁居，认为居住在县城便于与子女相互照应。

关于继续居住的意向，51.25% 的居民表示暂无搬离计划，其中房屋持有者占 22.5%，租赁者占 28.75%；41.25% 的居民计划待子女毕业后返乡。房屋持有者中的老年人不愿搬离的原因包括“年事已高，居住楼房出行不便”以及“古城四合院有中庭，便于散步与简单运动”等。

4.2.4 现有居住环境的评价

基于问卷与访谈调研，居民对现有居住环境的不满意之处与满意之处可总结为表 4-3。关于不满之处，“上下水道不便”占比最高，达 39.29%，除了在用水高峰期存在拥挤之外，还有用水习惯和邻里之间水费均摊的争议等问题。其他不满之处还包括：“噪声”“道路易滑，出行不便”“公共卫生间使用不便”等。

居民对古城居住环境的评价 表 4-3

古城不方便的地方	居民比例	古城优势	居民比例
①公共卫生间使用不便	14.29%	①距离学校近	52.50%
②上下水道不便	39.29%	②距离商业街近	22.50%
③道路易滑，出行不便	21.43%	③租金便宜	5.63%

续表

古城不方便的地方	居民比例	古城优势	居民比例
④噪声	10.71%	④因为和儿女居住较近，方便相互照顾	5.62%
⑤室内空间狭小	8.93%		
⑥其他（无浴室，采光不好）	5.35%	⑤窑洞冬暖夏凉	13.75%
⑥ 5.35% ⑤ 8.93% ① 14.29% ④ 10.71% ③ 21.43% ② 39.29%		⑤13.75% ④5.62% ③5.63% ① 52.50% ②22.50%	

相比之下，居民对居住环境的满意之处包括：“距离学校近”占比 52.50%；“距离商业街近”占比 22.50%。此外，还有经济层面的“租金便宜”、养老层面的“因为和儿女居住较近，方便相互照顾”、环境层面的“窑洞冬暖夏凉”等积极反馈。

总之，自 1948 年以来，米脂窑洞古城中多个无血缘关系家庭共居同一四合院的现象显著增多。1980 年后，闲置房屋大量对外租赁，进一步推动了杂院化进程。目前，米脂窑洞古城居民中房屋持有者约占 1/4，租赁者约占 3/4。房屋持有者多为本地居民，而租赁家庭大多因为子女教育从周边农村迁入。

4.3 米脂窑洞古城四合院的持有和利用关系

4.3.1 四合院的管理和持有模式

2008 年，米脂窑洞古城被认定为陕西省文物保护单位，随后成立了专门的古城管理保护职能部门，主要负责梳理保护建筑信息及维护公共区域（如道路、小广场、公共卫生间等）。目前的管理政策要求为，对于政府部门认定的具有文化价值的四合院，原则上不得破坏保护院落的风貌，任何必要的修缮与改造需提前申请或报备。

在米脂窑洞古城，住宅所有权分为单位集体所有与个人所有两种形式。单位集体所有的院落中，居民以租赁形式居住并支付租金，单位负责院落的管理与日常维护。对于个人所有的房屋，房产证作为所有权认证的书面材料，是房屋买卖与赠予的有效凭证。值得注意的是，两处四合院曾作为机关办公用房，为单位集体所有，但在2000年后，随着房屋改革，这些院落以房间为单位进行了所有权买卖交易，转为个人持有形式（图4-4）。

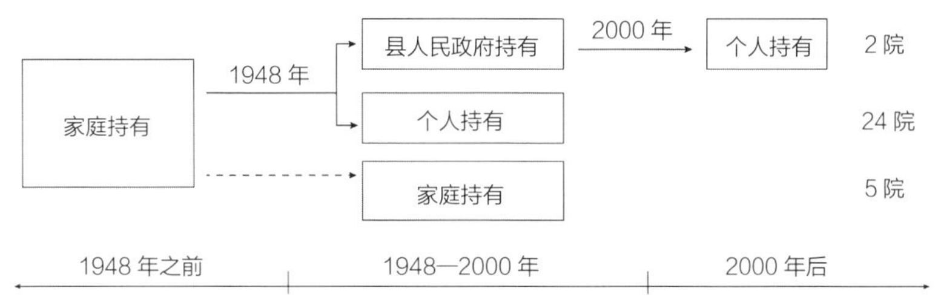

图4-4　米脂窑洞古城四合院所有权变化过程

在本书调研的31院四合院中，5个院落为单一家庭独立所有，其房产证详细记录了中庭与建筑物的面积、建筑年代等基本信息。其余26个院落为多个家庭共同所有，中庭为居民共同所有，房产证仅记载各家庭所持有建筑物的信息。

图4-5展示了院落中居住家庭数与四合院用地面积的关系。四合院的用地面积从438m^{2}到830m^{2}不等，规模差异较大。平均每个院落居住7.74个家庭，其中两个院落仅有一个家庭居住，而一个院落最多容纳了16个家庭。平均每个家庭使用约91m^{2}的土地，且每增加一户需额外增加40.11m^{2}的用地面积。

窑洞四合院中，各个房屋作为家庭活动的私密空间，包含卫生间在内的中庭是大家共同使用和维护的共用空间，而廊道空间作为半开放半私密空间来使用（图4-6）。

从整体使用情况来看，尽管存在视线干扰和噪声干扰等问题，但是日常生活中往往有被大家所公认的使用规则，在同一个院落中生活的人都会自觉遵守。调研发现，部分住户通过设置矮墙、铁质围栏或放置盆栽等方式划定私人领域。对于视线干扰，很多居民选择使用窗帘应对。而由于四合院的空间结构特征，庭院的噪声干扰问题很

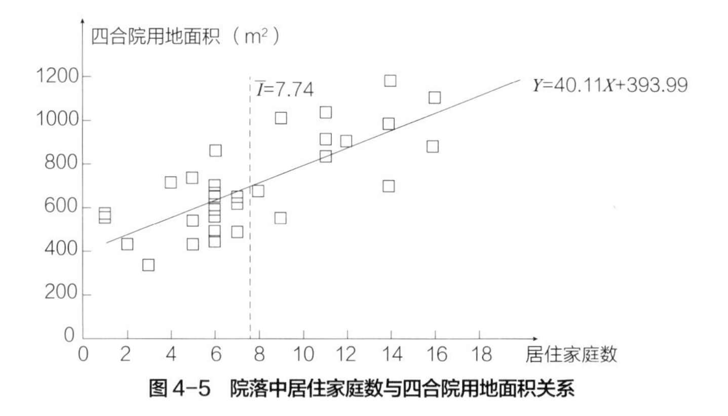

图4-5　院落中居住家庭数与四合院用地面积关系

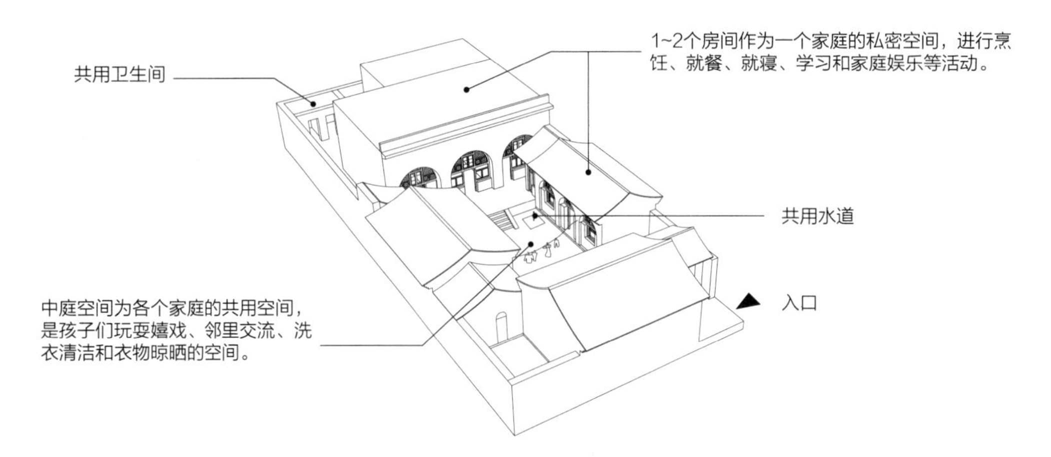

图 4-6　四合院基本空间构成和使用模式

难解决，只能依靠各个院落制定使用规则进行约束。考虑到学生的学习和休息问题，大多数院落中午休息时间和放学后的学习时间，在庭院中尽量避免大声喧哗已经成为大家约定俗成的生活习惯。而包含中庭和共用卫生间在内的共用空间的打扫和维持，基本上遵守每个家庭轮流一周的频率进行。

部分院落内张贴了由居住者协商制定的居住守则，主要内容可归纳如下：①因院内居住学生较多，工作日午休时间、放学后以及周末上午时段，禁止在院内大声喧哗；②午休时间，学生需在家中学习或休息，不得在院内玩耍；③院内大扫除至少每周进行一次，因居住者较多，需共同维护良好的居住环境。

在多个家庭共居一个院落的情况下，同一个院落中的居民关系通常更为亲密，已形成了一定的集体意识，并通过共同遵守规则来维持生活秩序，一个四合院形成了一个相对独立的居住单元。

4.3.2　院落的使用模式

通过对 31 个四合院的调研分析，可将其归类为以下五类：Ⅰ类院落由单一家庭持有且为唯一居住家庭；Ⅱ类院落由单一家庭持有，居住者包括持有者家庭与租赁家庭；Ⅲ类院落由多个家庭共同持有，居住者包括持有家庭与租赁家庭；Ⅳ类院落由多个家庭共同持有，居住者仅为多个租赁家庭；Ⅴ类院落由多个家庭共同持有，通过增建墙体与出入口分割为两个以上小型院落，形成多种使用模式的组合（图 4-7）。

在上述分类中，Ⅰ类和Ⅱ类（单一家庭持有整个院落）共 5 个院落，占调研总数的 16.13%；其余 26 个院落为多个家庭共同持有，占比 83.87%。这反映了米脂窑洞古城四合院在所有权与居住模式上的多样性，同时也揭示了杂院化现象的普遍性。

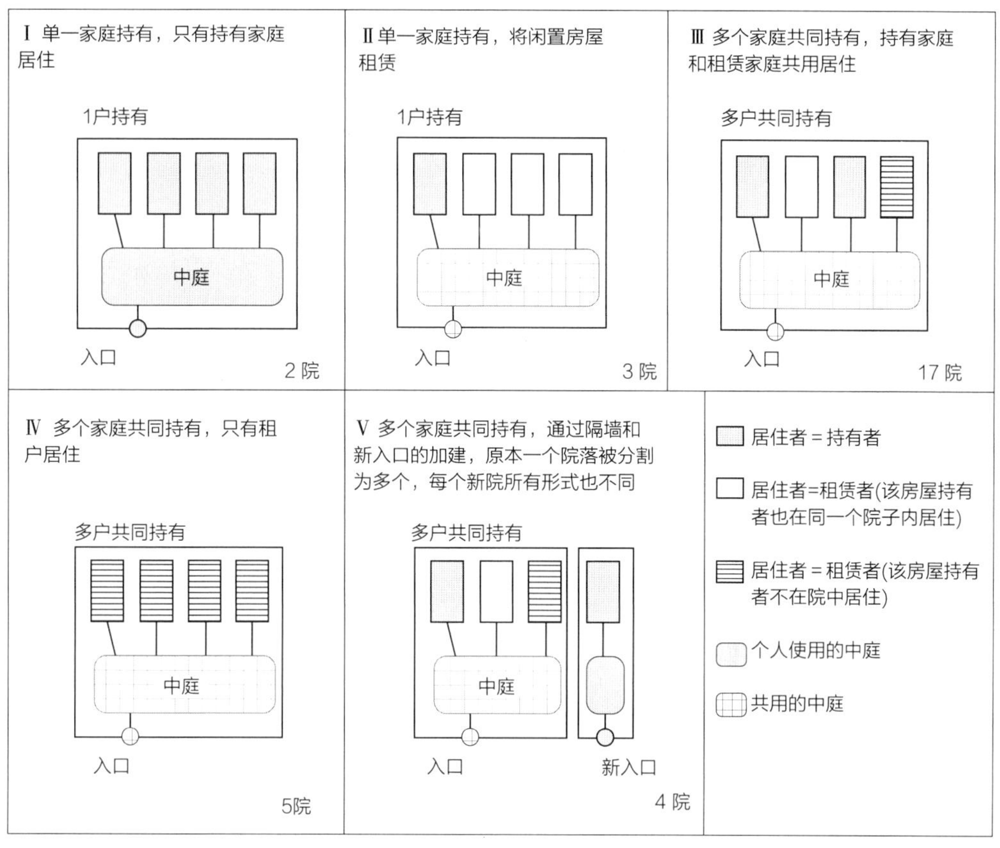

图 4-7 四合院所有权与空间利用关系

1. 居住模式Ⅰ

在调研的 31 个院落中，仅有两个院落为单一家庭持有且仅有该家庭居住。其中一个院落平时不常居住，存放大量闲置家具，家人仅在周末返回；另一个院落经过改建，厨房与卫生间得到改善，居住环境显著提升（图 4-8）。

案例院落始建于民国时期（1930 年前后），为现持有者（70 岁）的祖父结婚时所建。尽管历经多次修缮与改建，院落仍保持了原有的平面布局。目前，父亲居住于正窑西侧的两孔窑洞，儿子与儿媳则居住于东侧窑洞，同时也使用与之相连通的储藏窑。

初建时，正窑为三孔连通，采用“一明两暗”的使用模式。后因儿子结婚，东侧门洞内填墙改为柜子使用。2000 年左右，窑洞门窗由木质改为铝合金材质，提升了保暖性。2005 年，正窑月台东侧增建了使用天然气的小厨房，同时，东厢房由砖木结构改建为砖混结构，并增设冲水马桶与淋浴间，现作为客厅使用。随着儿孙结婚与就业，居住成员逐渐减少，西厢房与厅房逐渐荒废。尽管有修缮房屋用于出租的计划，但因缺乏契机而未能实施。

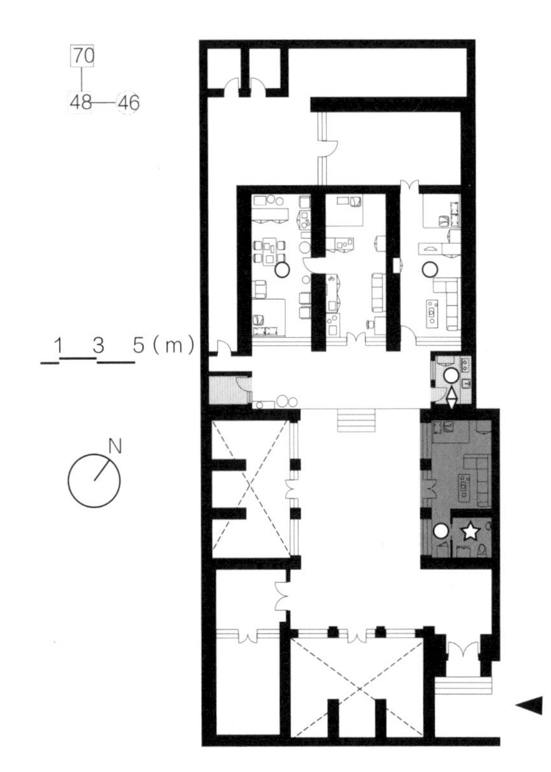

增建的天然气厨房

依照原有样式重建后的厢房

Q1:来古城居住的缘由：从儿时就开始在古城居住
Q2:目前为止的居住时长: 10年以上
Q3:继续居住的意向: 目前暂无搬离的打算

▲ 入口(大门)　增建　空置　重建　☆ 卫生间　○水道
天然气厨房　□ 男性　○ 女性

图 4-8　居住模式 I 案例

2. 居住模式 II

在调查的 31 个院落中，有 3 个四合院的所有权归属于单一家庭，且持有家庭与租赁家庭共同居住。通常，租赁家庭居住在一个房间或一孔窑洞中，而持有家庭通过房屋的修改与改建，居住环境更为舒适。

案例中的四合院建于民国初年（1912 年），现由房东家庭与 3 户租赁家庭共同居住（图 4-9）。1990 年前后，房东拆除了下院中因年久失修而部分坍塌的房屋，并将空地用于种植苹果树与枣树。由于房东年事已高，下院由租赁家庭自由使用，庭院的打扫与共用卫生间的清理也由租赁家庭轮流负责。中庭作为共用空间，主要用于晾晒衣物、家庭室外就餐以及孩子的学习与游戏。

目前，房东家庭的两位老人居住在正窑东侧的三孔窑洞中，并使用与之相连的仓储窑。为提升居住品质，他们在 2000 年前后对窑洞内部进行了改造，包括更新地砖、

Q1:来古城居住的缘由：A.为了让孩子在县城里接受教育　B.从单位购入原本为集体产权的房屋
C.为了居住在儿女身边养老　D.从家族继承　E.工作　F.其他
Q2:目前为止的居住时长: A.10年以上　B.5～10年　C.1～5年　D.1年以内
Q3:继续居住的意向: A.目前暂无搬离的打算　B.计划在孩子高中毕业后回乡村生活　C.计划近期去米脂新城居住

图 4-9　居住模式Ⅱ案例

将最东侧的窑洞改为厨房和淋浴间，并拆除了东侧第二孔窑洞中的火炕和灶台。2009年，随着天然气的引入，厨卫空间再次进行了更新，日常烹饪、如厕和洗浴变得更加便利。尽管建筑形式上仍保留了窑洞的空间形态，但在功能分区上已接近现代商业住宅，具备独立的厨房、卫生间、卧室、餐厅及收纳空间。

相较于房东家庭，租赁家庭的生活空间更为局限。他们的房间内未设置上下水设施，需共用中庭的水龙头和卫生间。租赁家庭 1 居住在正窑西侧的两孔窑洞中，租赁家庭 2 和 3 则分别居住在两侧的厢房。冬季，他们多利用与火炕相连的灶台进行烹饪，寝食空间未作明确区分。

此外，在其他案例中，房东家庭的居住空间也进行了诸多现代化改造，主要集中在厨房、卫生间和淋浴间的增设上（图 4-10）。

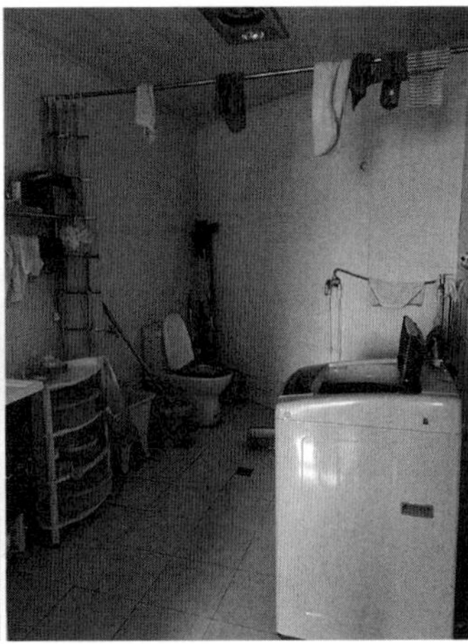

图 4-10　其他案例照片

3. 居住模式Ⅲ

院落的所有权由多个家庭共同持有，部分持有家庭与多个租赁家庭共同居住于同一四合院。由于院落为多人共有，且各家庭对中庭的使用范围缺乏明确界定，中庭内堆砌了许多闲置的家具和杂物。

案例的院落建于清代末期，原为常氏家族的宅院，后分配给没有土地和资产的居民（图 4-11）。调查显示，目前院落由 5 个家庭共同所有，其中 2 个家庭仍在此居住，另外 3 个家庭已迁至米脂新城，将其持有的房屋全部用于出租。2 个持有家庭均居住于两孔连通的窑洞中，且都通过改造拥有独立的厨房、卫生间和淋浴间。其中，居住于正窑的家庭因孩子在西安市工作，多数时间仅夫妇二人居住，并计划退休后迁往西安。而居住于西厢窑的家庭则没有搬离计划，会长期在四合院居住。9 个租赁家庭（只调查了部分租赁家庭）均以学龄儿童入学为契机搬入四合院，基本居住于单间房屋或窑洞内。各房间已接入自来水，但尚未接入下水系统，因此污水集中倾倒于中庭。中庭和共用卫生间的清洁采用家庭轮流制，每户负责一周。

以西厢窑为例，说明房屋的使用情况。房屋持有家庭于 2012 年因工作调动购入两孔相连的窑洞，并将其打通，安装了配备燃气灶的厨房和冲水马桶。目前，高中二年级的儿子拥有独立的床铺，而年幼的女儿则与夫妇二人共同在火炕上就寝。窑洞的中间孔布置有沙发和电视，空间利用模式类似于商品房中的“客厅”。相比之下，租赁家庭的居住空间从入口开始依次为厨房、餐厅和卧室，私密性逐渐增强，但各功能空间之间缺乏明确划分，生活行为容易相互干扰。

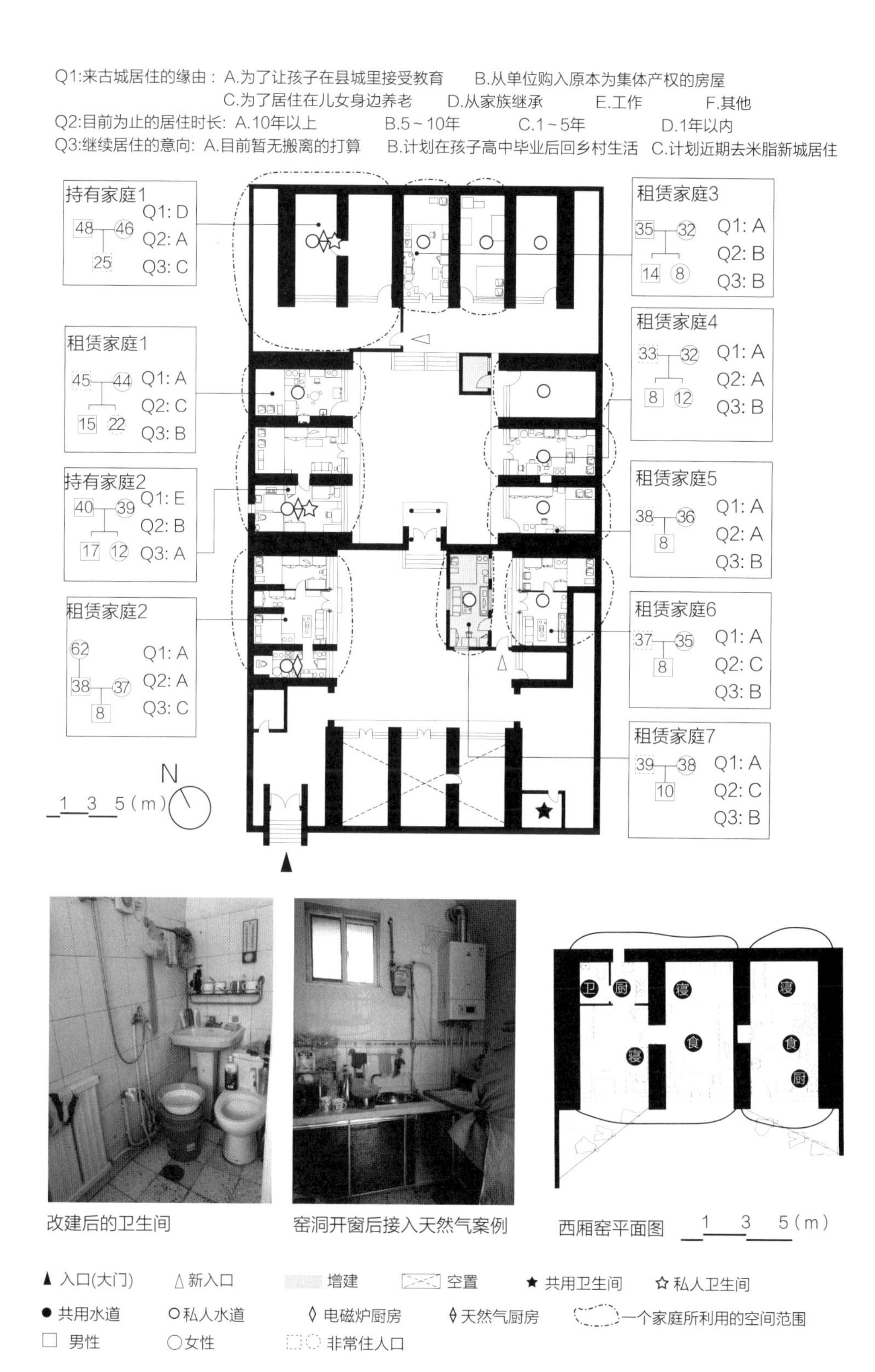

图 4-11 居住模式Ⅲ案例

4. 居住模式Ⅳ

本书将仅有租赁家庭居住的院落归类为居住模式Ⅳ，其特点是院内堆砌闲置家具的情况较为严重，且大多数家庭仍在使用共用水龙头和卫生间。

该案例院落建于清嘉庆二十四年（1819 年），由于三个共同所有家庭均已迁至新城居住，闲置房屋全部用于出租，目前有 6 个租赁家庭共同居住于此（图 4-12，只调查了部分租赁家庭）。位于西南角的小院曾是马厩，现设有共用卫生间；位于西北角的小院同样用于出租，房主为方便租户生活，于 2005 年增建了卫生间。

Q1:来古城居住的缘由：A.为了让孩子在县城里接受教育　B.从单位购入原本为集体产权的房屋
C.为了居住在儿女身边养老　D.从家族继承　E.工作　F.其他
Q2:目前为止的居住时长：A.10年以上　B.5～10年　C.1～5年　D.1年以内
Q3:继续居住的意向：A.目前暂无搬离的打算　B.计划在孩子高中毕业后回乡村生活　C.计划近期去米脂新城居住

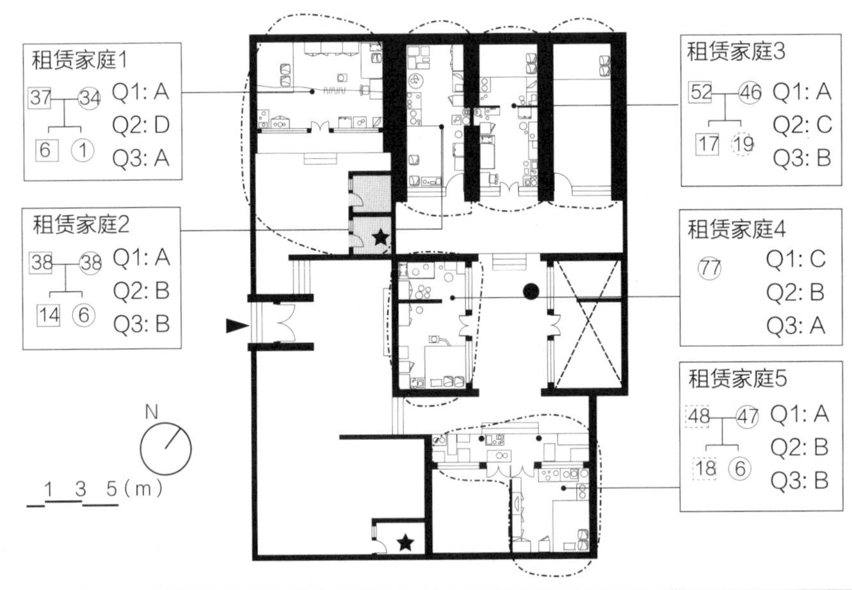

屋檐下的烹饪

共用水龙头和中庭空间

▲ 入口(大门)　△ 新入口　增建　空置　★ 共用卫生间　● 共用水道
□ 男性　○女性　非常住人口　一个家庭所利用的空间范围

图 4-12　居住模式Ⅳ案例

院内居民大多居住于单间房屋，共用中庭的水龙头。烹饪活动基本在各房间内进行，但由于厅房（倒座房）室内空间过于狭窄，住户将使用蜂窝煤为燃料的炉子放置在走廊，作为开放式烹饪空间。中庭作为居民的共用空间，常成为大家聊天、孩童玩耍嬉闹的场所。该院落中，共用空间的打扫和维护并未规定固定顺序或负责人，而是由居民在打扫自家房屋时顺便清理院落，整体人际关系和谐，居住氛围融洽。

5. 居住模式Ⅴ

当一个院落被分割为两个以上院落时，房产证将根据修改后的院落范围重新认证和颁发。

案例中的院落建于清乾隆年间，2005 年前后，随着倒座房从砖木结构改建为砖混结构，原本的四合院被分割为南北两个院落（图 4-13）。改建后，南院的房屋增设了天然气设备和冲水马桶，显著提升了居住品质。北院居民为了清晰划分两个房屋持有家庭各自的使用范围，于 2000 年增建了一道低矮的砖墙。东侧的小院自 2010 年起因持有家庭搬离而对外出租，现由两个租赁家庭居住。西侧的小院中则居住着一个持有家庭和两个租赁家庭。持有家庭于 2008 年加建了厨房，并摒弃了传统的土炕取暖方式，转而采用更便利、清洁的天然气地暖。与之相对的是，有学龄儿童的租赁家庭居住于单间房屋内，仍使用铁炉和炕作为基本取暖方式，生活空间较为狭小。

4.4 米脂窑洞古城四合院利用实态

4.4.1 房屋的构成和利用

米脂窑洞古城四合院中现有的建筑可根据结构类型分为三类：“窑洞”、砖木结构的“房”以及砖混结构的“平房”（图 4-14）。窑洞和房是自四合院建设初期延续至今的房屋类型，平均一孔窑洞的室内面积为 24.69m^2，一室房的面积为 28.9m^2。平房则是在四合院中庭加建或旧有房屋重建的产物，其面积跨度较大，从 19m^2 的一室到 53m^2 的两室一厅不等。四合院最初是一个大家族的居住空间，建设初期各房屋均有明确的等级和功能划分；而如今作为大杂院，各房屋已成为核心家庭的居住空间，一室的狭小房屋承载了家庭成员的所有活动，包括烹饪、饮食、就寝、学习和交流。

在 1 月平均气温低至 -9.9℃的米脂县，窑洞因其较强的蓄热性能深受居民青睐。在同一院落中，即使房屋面积相近，窑洞的租金也略高于其他房屋类型。从结构角度来看，砖木结构的房屋更易于增建和改建，小规模的增建或空间分割较为常见。相比之下，窑洞仅能依靠正面进行采光和通风，因此对单孔窑洞进行空间分割或部分加建

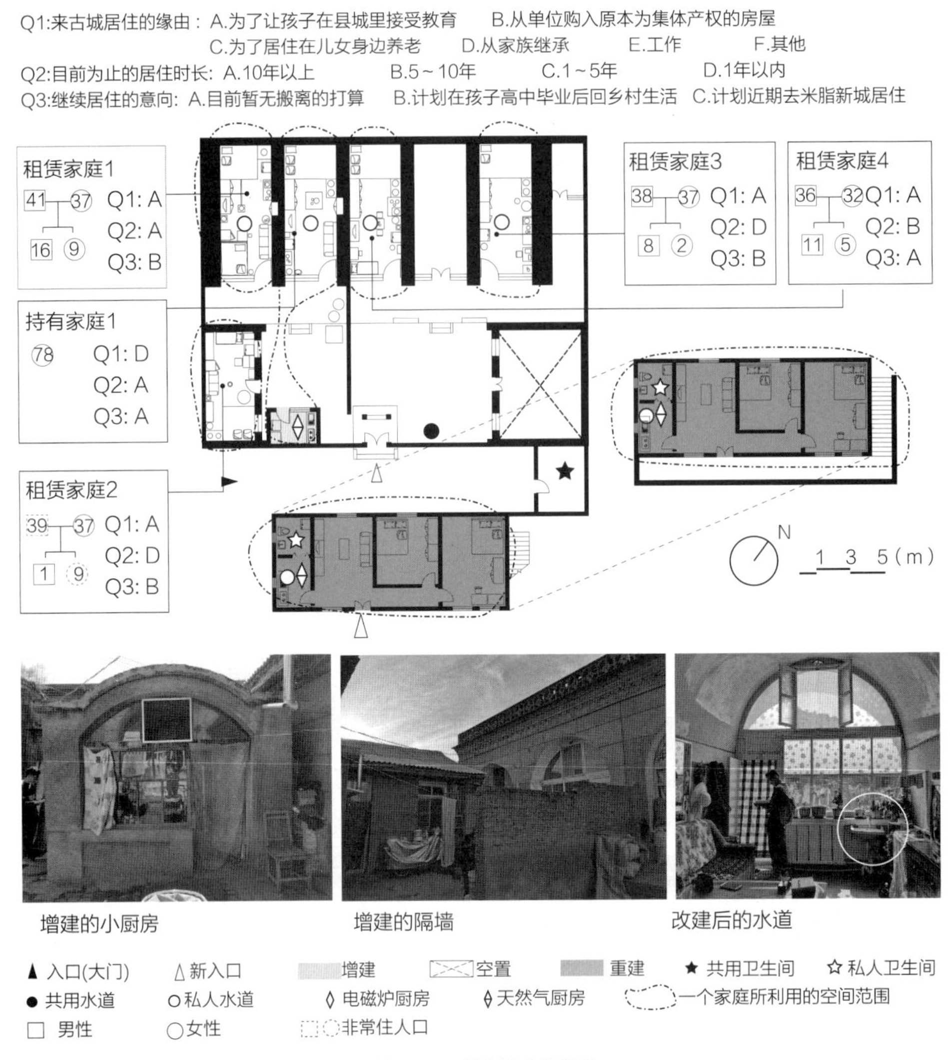

图 4-13　居住模式Ⅴ案例

图 4-14　米脂窑洞古城四合院的建筑类型

较为困难。在现有案例中，单孔窑洞作为生活空间的最小单位，一直沿用至今。

根据调研数据统计，一个家庭的平均居住面积（包括增建的厨房和淋浴房，但不含共用卫生间）为 30.32m^2。持有家庭中，14.03% 仍居住于单间房屋内，未配备独立厨卫；84.2% 拥有独立的厨房空间，50.88% 拥有独立卫生间。相比之下，租赁家庭中 92.35% 居住于单间房屋内，仅 7.65% 拥有独立厨房，1.64% 具备独立卫生间。由此可见，房屋持有者与租赁者在居住品质上存在显著差异（表 4-4）。

家庭居住空间构成　　表 4-4

类别	一室	卧室 + 厨房	卧室 + 厨房 + 冲水马桶	卧室 + 冲水马桶	合计
持有家庭（户）	8	20	28	1	57
租赁家庭（户）	169	11	3	-	183
合计（户）	177	31	31	1	240

4.4.2 中庭空间的使用模式

中庭作为居民的共用空间，通常是居民相互交流和共同活动的场所（图 4-15）。

1. 衣物的清洗和晾晒

自 1959 年起，米脂窑洞古城开始建设自来水管道系统，在此之前，居民都将井水作为生活用水的来源。1990 年，在县政府的主导下，基本实现了每个院落配备一个共用水龙头的目标。目前，31 个院落中有 15 个院落的房间已设置独立上水管，其余 16 个院落的居民仍需依赖中庭的公共水龙头取水。此外，绝大多数院落的污水集中排放至中庭，衣物的晾晒也在中庭进行。

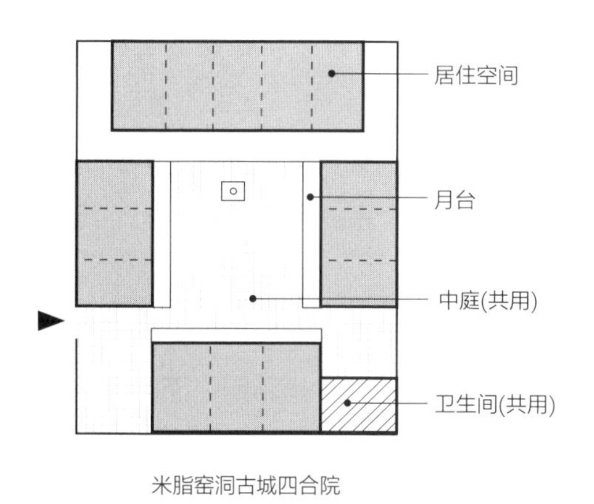

米脂窑洞古城四合院

共用水道　晾晒衣物

图 4-15　中庭空间的利用

约 90% 的房屋持有家庭（51 户）和约 60% 的租赁家庭（107 户）在房屋内设有独立使用的水龙头。使用共用水龙头的家庭占被调查居民总户数的 34.17%。据统计，平均每个共用水龙头由 4.56 户家庭共用，尤其在早晚洗漱时段，常出现拥挤现象（表 4-5）。

上下水道和卫生间的利用 表 4-5

空间	私人使用		居民共用		设施数量（个）	平均一个设施的使用家庭数（户）
	持有家庭（户）	租赁家庭（户）	持有家庭（户）	租赁家庭（户）		
上下水道	51	107	6	76	18	4.56
卫生间	29	3	28	180	32	6.50

2. 共用卫生间的使用

在调研的 31 个院落中，28 个院落将共用卫生间设置在东南或西南角落。卫生间的卫生通常由居住家庭自发维护。由于多为旱厕，居民一般每半年集资聘请专人清理。此外，如前文所述，部分居民通过改建或重建增设了冲水马桶，以提升居住品质。

调研数据显示，使用独立卫生间的家庭有 32 户（其中 29 户为持有家庭，3 户为租赁家庭），其余 208 户（86.67%）仍使用共用卫生间。少数院落设有两个以上共用卫生间，经计算，平均每个卫生间由 6.5 个家庭共用。与商品房住宅“一户一卫”的标准相比，这一数量明显不足。

3. 其他

中庭不仅是共用设施的主要场所，还承载了其他活动，如放学后孩子们的游戏、朗读或背诵、邻里间的闲聊以及家庭劳务等。米脂窑洞古城四合院最初作为商人住宅建设，多数院落未设置种植用地。目前，31 个院落中也仅有 3 个在空地上种植蔬菜，比例较低。

米脂窑洞古城四合院的杂院化现象可概括如下：少数院落为单一家庭所有，而大多数四合院的房屋所有权经历了多次更迭和分割，现为多个家庭共同所有。无血缘关系的多个家庭共居一院，共用卫生间、水龙头和排水设施。

如本书第 3 章所述，四合院以中庭为中心，四周布置建筑，形成闭合院落。传统四合院的中庭多设有景观植物，作为家族休闲、夏季纳凉和用餐的场所。而如今，窑洞或房间成为私人生活空间，中庭则作为共用空间，承载衣物清洗与晾晒、卫生间使用、邻里交流、孩童嬉戏等活动。尽管功能繁杂且易相互干扰，但居民在卫生维护、噪声控制、设施使用等方面形成了约定俗成的规则，并通过互助关系建立了和谐的居住团体（图 4-16）。米脂窑洞古城四合院的居住模式虽为偶然形成，却与城市中的 Share House 模式相似，适应了现代核心家庭结构的需求。

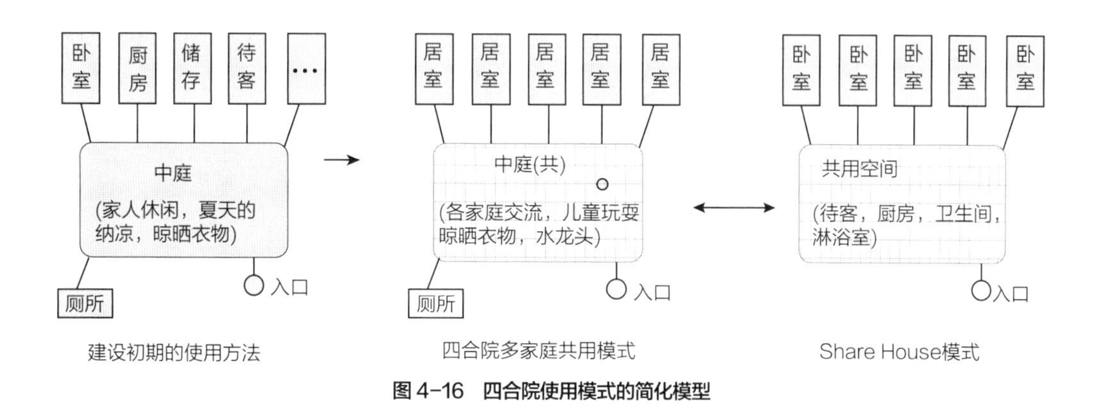

图 4-16 四合院使用模式的简化模型

4.5 杂院化的增改建过程

本章将详细阐述米脂窑洞古城四合院中居民以改善居住品质和提高租赁收入为主要目的的增改建过程，对四合院杂院化过程的特征进行考察和说明。

4.5.1 院落的分割

在多个家庭共同持有的四合院中，若取得其他所有者的同意，可通过在中庭增建隔墙和出入口的方式，将一方持有的房屋及部分中庭从原有四合院中独立出来，形成新的院落。此时，房屋产权证需根据分割后的院落重新认定，四合院从产权到居住模式上彻底被割裂。

在独立后的院落中，若持有家庭仅为一户，房屋和庭院的所有权可直接体现在房产证上；若剩余部分的持有者为两户以上，中庭则被认定为共同持有，房产证仅反映各房屋的持有状况。随着院落的分割，米脂窑洞古城四合院逐渐失去了原有的平面秩序（图 4-17）。

在本书的调研案例中，共有 4 个院落在 20 世纪 90 年代后期因所有者改善生活品质的需求而进行了院落分割。分割的主要目的是明确各家庭的持有范围，并为后续房屋和庭院的改造提供更大的自由度。案例中的正窑仍保持了建设初期的样貌，但原本砖木结构的厢房和厅房已被砖混结构的平房取代。其中，厅房的朝向和出入口进行了调整，现作为古城中的小诊所使用（图 4-18）。

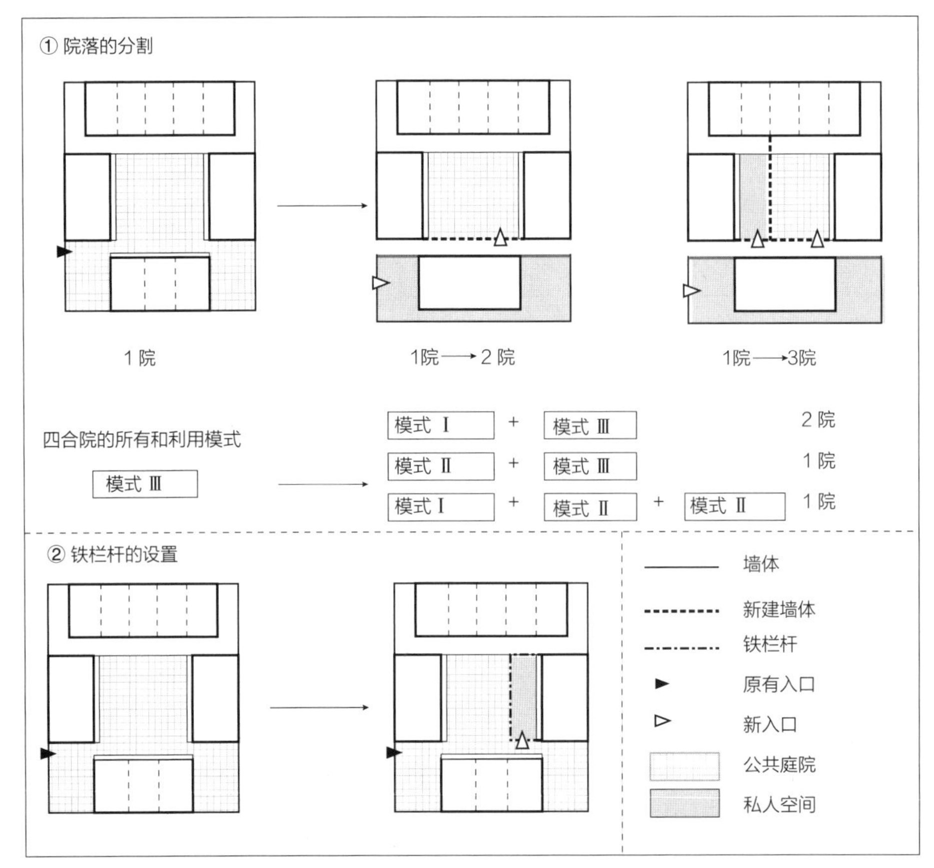

图 4-17 院落的分割

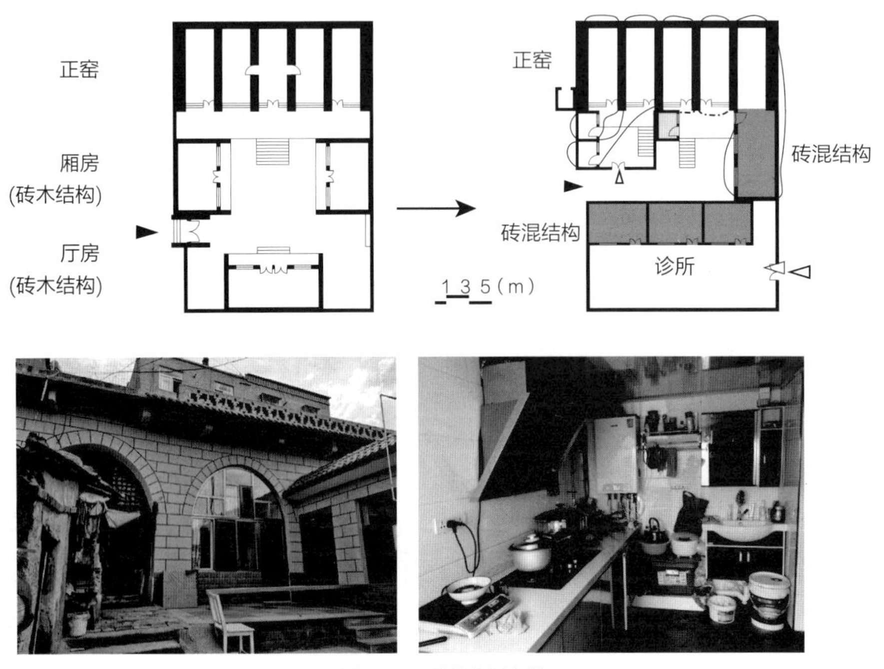

图 4-18 院落分割案例

此外，部分案例中的院落虽未进行正式分割，但为明确个人使用界限，居民通过设置栅栏对空间进行围合。此举将原本共用的中庭部分划入私有空间，虽提高了住户的安全性，却降低了院落整体的舒适性和空间秩序感。

例如，在图 4-19 的左图中，居民通过在窑洞前侧设置铁门，将部分中庭转化为家庭专用的室外空间，用于堆放闲置家具和行李。而在右图中，正窑前侧增建了墙壁，使月台的一部分成为家庭私用空间，同时西侧的两孔窑洞从原院落中独立出来。

图 4-19 铁栅栏和围墙的增建

无论是院落的分割还是隔墙的设置，都在一定程度上提升了居住者的生活便利度和私密性。然而，四合院的设计初衷是围绕中庭展开的空间布局，分割后原有的开放空间被打破，其独特的文化氛围和历史特色也随之丧失。

4.5.2 房屋的重建

根据访谈调研，在 31 个四合院中，原本共有 56 栋窑洞和 93 栋砖木结构的房屋。随着历史的变迁，与原本的独立式窑洞均保留至今相对的是，砖木结构房屋的

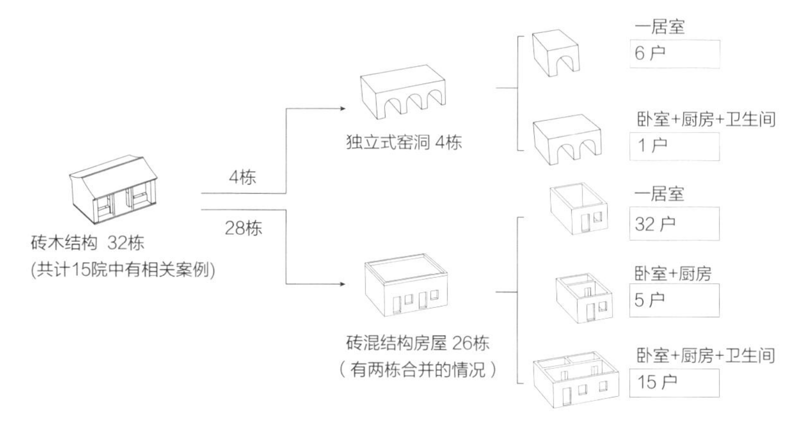

图 4-20 建筑的重建情况

34.4% 的 32 栋随着木结构和瓦的老化而进行了重建。其中，4 栋改建为独立式窑洞、28 栋改建为砖混结构的平房。值得注意的是，由砖木结构重建为独立式窑洞的行为均由较为高龄的居民主导，究其原因，对于从小生活在窑洞中的他们而言，窑洞不仅仅是具备“冬暖夏凉”物理环境特征的房屋，更是地域传统的居住文化的具体表现。

房屋的重建主要集中在 1990—2008 年。从重建房屋的平面构成来看，“一居室”的形式占比 64.41%，“卧室 + 厨房”形式占比 8.47%，“卧室 + 厨房 + 卫生间”形式占比 27.12%（表 4-6）。通过重建，房屋持有家庭逐渐拥有了独立的厨房和卫生间，居住品质显著提升。

砖木结构房屋的改建　　**表 4-6**

原有结构	4 砖木结构房屋			28 砖木结构房屋			合计
改建模式	4 独立式窑洞			28 砖混结构房屋			
	一居室	卧室 + 厨房	卧室 + 厨房 + 卫生间	一居室	卧室 + 厨房	卧室 + 厨房 + 卫生间	
持有家庭（户）	1	—	1	—	3	12	17
租赁家庭（户）	5	—	—	32	2	3	42

图 4-21 的案例为清代同治年间建设的院落，原为高氏家族所有，经过多次产权变更，现由两个家庭共同持有。该院落最初由正窑、“小窑 + 砖木型”结构的厢房和砖木结构的厅房构成。随着厅房结构老化，逐渐无法使用，于 1980 年左右被拆除并改建为独立式窑洞。选择独立式窑洞而非砖混结构的原因如下：①对于自幼生活在窑洞中的居民而言，窑洞比平房更为亲切和舒适；②厅房朝北，相对其他朝向的房屋在冬天会更加寒冷，而窑洞的蓄热性能优于平房，能提供更舒适的空间体验。

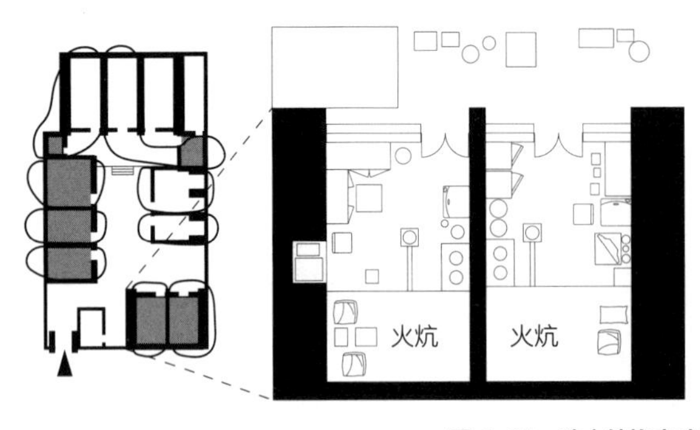

图 4-21　砖木结构房改建窑洞案例

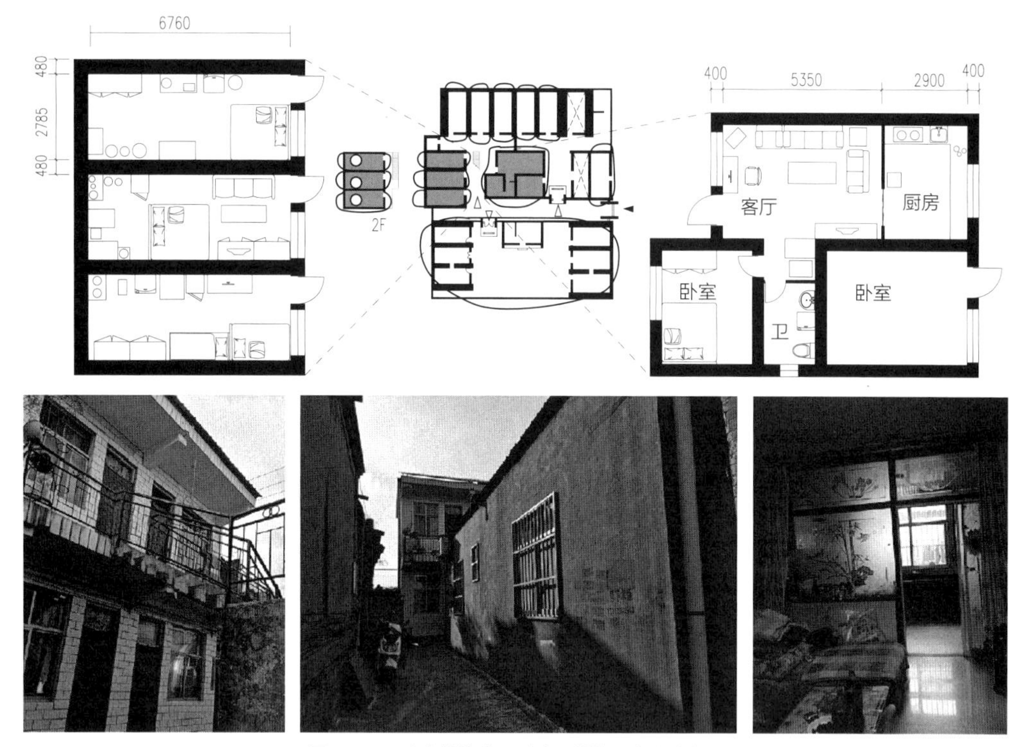

图 4-22 砖木结构房屋到砖混结构平房改建案例

此外，图 4-22 的案例为清代末期建设的四合院，现已被分割为三个主要部分，分别由不同家庭持有。西院中的西厢房于 2008 年以租赁为目的重建，为两层建筑，每层由三间“一居室”房屋构成，目前共有 6 个家庭居住于此。单个房间的开间和进深分别为 2.785m 和 6.76m，其细长形态与窑洞室内空间相似。室内未采用传统的炕采暖，冬季取暖主要依赖以蜂窝煤为燃料的铁炉。

东西两院共有的厢房也被改建为砖混结构的平房，现由一对 50 多岁的夫妇居住。从平面构成来看，房屋设有用于待客和家庭娱乐的客厅、独立燃气厨房以及配备冲水马桶和淋浴功能的卫生间。与传统采暖方式不同，重建后的房屋采用了以天然气为燃料的地暖系统，使居住更加舒适。

4.5.3 居室和储物间的增建

在笔者的调研中，31 个院落中有 4 个院落在中庭增建了居室。增建的居室均为砖混结构，是持有家庭为增加租赁收入而进行的加建（表 4-7）。从增建部分的平面构成来看，“一居室”结构的居室有 5 处，均用于出租；“卧室 + 厨房”结构的居室有 4 处，其中 3 处由租赁家庭使用。

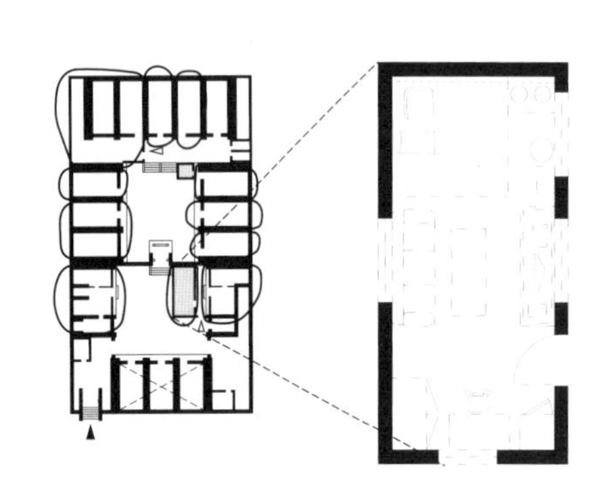

图 4-23　中庭增建居室案例

图 4-23 的案例为租赁用居室，其开间和进深分别为 6.2m 和 2.8m。尽管室内面积较为狭窄，但设有灶台和火炕，且两侧开窗的设计在一定程度上保证了室内的采光和通风。

房屋的增建　　表 4-7

类型	一居室	卧室 + 厨房	卧室 + 厨房 + 卫生间	合计
持有家庭（户）	—	1	—	1
租赁家庭（户）	5	3	—	8

此外，大约一半的调研院落增建了储物间，其中不乏随意搭建的、地基简易的棚户房，基本用作生活用品的临时放置场所或煤炭及木柴的收纳场所。

4.5.4　厨房和卫生间的增建及增设

随着社会的发展与生活水平的提高，居民对厨房和卫生间的需求逐渐增加，院落的改造也随之展开。厨房增建的案例最早始于 20 世纪 70 年代，增建的厨房多采用以煤炭和木材为燃料的火灶，这种设计虽然满足了基本的烹饪需求，但也带来了环境污染与安全隐患。

2002 年，米脂窑洞古城开始引入天然气管道及相关设备，2005 年实现全域通气，此后增建或改造的厨房多改用天然气。这种改造不仅提升了居民的生活质量，也改善了院落的环境卫生与安全性。根据调研案例，厨房和卫生间的增建及增设可分为以下三种类型（图 4-24）。

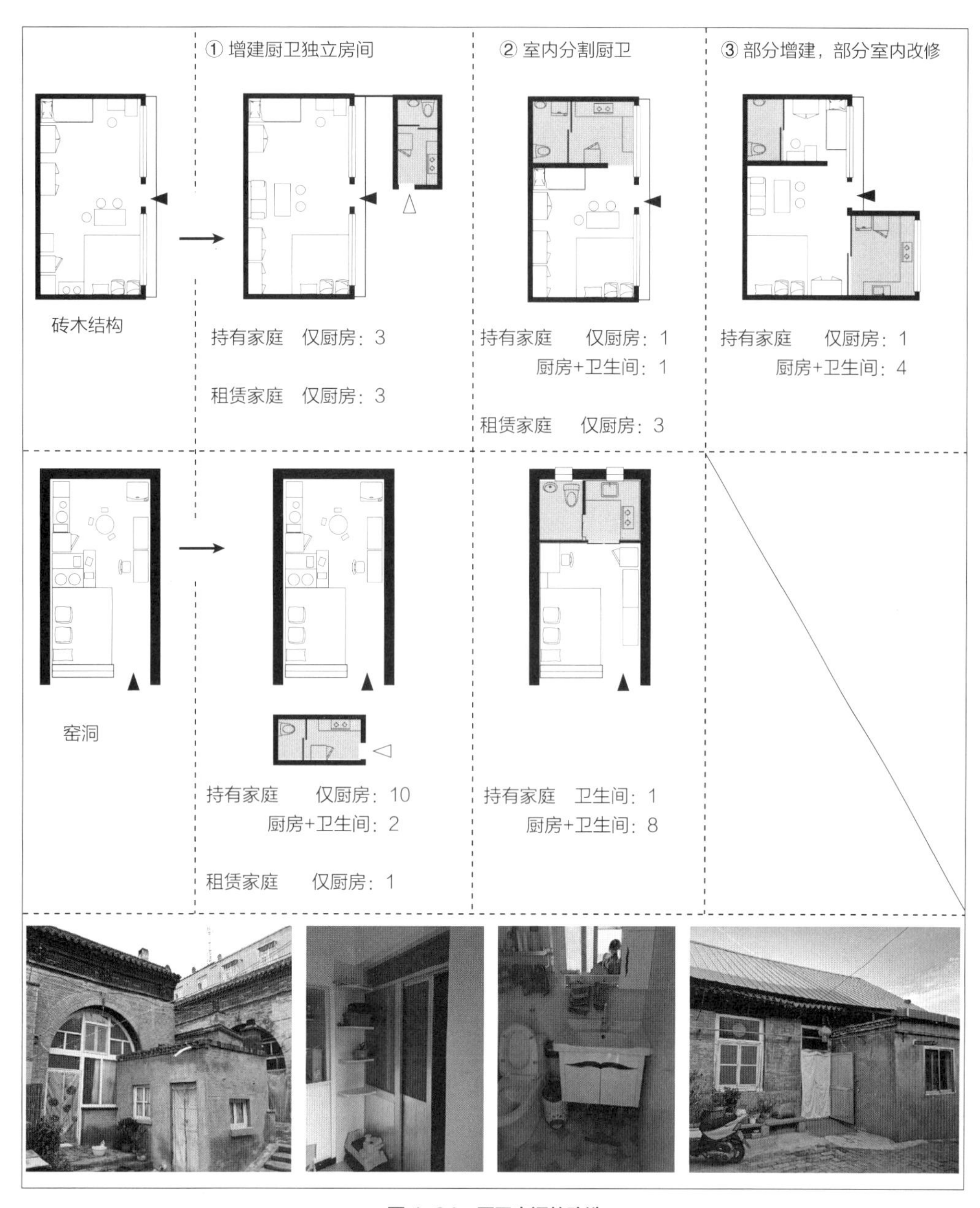

图 4-24　厨卫空间的改造

（1）在中庭或月台上增建房间，这种方式占改造案例的 50%。这种增建方式中，增建部分与原有居住空间不相连，使用上存在一定不便，但建造过程相对简单，适用于窑洞和砖木结构房屋的居民。增建部分通常采用简易的砖木结构或轻质材料，既节省了成本，又减少了对原有建筑的破坏。在调研案例中，采用此方式增建“厨房”的案例中，持有家庭占 13 户，租赁家庭占 4 户；同时增建“厨房 + 卫生间”的有 2 户持有家庭。这种增建方式适合空间较为充裕的院落，虽然对原有建筑结构影响较小，但也造成了中庭公共空间的削减。

（2）对原有房屋进行空间划分，在室内增设厨房及卫生间，这种方式占改造案例的 36.84%。这种改造方式通过对原有房屋进行空间重新划分，在室内增设厨房及卫生间，既节省了空间，又提高了使用的便利性。然而，由于窑洞单侧通风的特殊性，增设厨房需在后墙开窗以确保天然气使用安全，这对原有建筑结构产生一定影响。在调研案例中，采用此方式仅增设厨房的有 1 户持有家庭和 3 户租赁家庭；同时增设厨房和卫生间的有 9 户持有家庭；仅增设卫生间的有 1 户持有家庭。

（3）进行房屋部分增建并重新划分室内空间，形成“L”形平面，占改造案例的 13.16%。这种方式既增加了使用面积，又优化了空间布局。在调研案例中，有 1 户持有家庭采用此方式仅增设了厨房；有 4 户持有家庭采用此方式同时增设了厨房和卫生间。这种改造通常需要对原有建筑进行较大规模的改动，在改造中占比较低。

通过上述增建和增设，烹饪与就寝空间得以分离，厨卫空间的使用更加便利。厨房和卫生间的增建及增设结果如表 4-8 所示。总体而言，增建或增设厨卫空间的目的在于改善居住品质或提升租赁收益。调研中，厨房空间改善的案例有 37 例，而卫生间改善的案例仅有 16 例，这与前期访谈中居民对独立厨房空间需求更为迫切的结果一致。

厨卫空间改建分析 **表 4-8**

类型	①增建房屋		②室内分割厨卫			③增建与增设		合计
	厨房	厨房 + 卫生间	厨房	厨房 + 卫生间	卫生间	厨房	厨房 + 卫生间	
持有家庭（户）	13	2	1	9	1	1	4	31
租赁家庭（户）	4	—	3	—	—	—	—	7

米脂窑洞古城四合院中，通过房屋的增改建，调研居民中 12.50% 的家庭拥有了类似城市商品房的独立厨卫空间。在空间改造过程中，砖木结构房屋更易于改建和扩建。相比之下，窑洞以一孔为独立空间单位，其扩建和再分割难度较大，至今仍以单孔为最小单位进行利用。

4.6 本章小结

本章探明了米脂窑洞古城四合院在杂院化后的实际利用状况（表 4-9），并明确了其作为传统居住建筑在新的社会背景下的价值与地位。

（1）米脂窑洞古城四合院最初由富裕阶层在清代和民国时期建造，后因社会变革，房屋所有权被重新分配，从单一家族居住模式转变为多个无血缘关系家庭共同所有和居住的模式。随着家庭规模的缩小，多余房屋逐渐用于出租。目前，约 3/4 的居民为租赁家庭，其中大多数家庭为子女获得县城优质中小学教育资源而选择居住于此。

（2）米脂窑洞古城四合院根据其持有和利用关系可分为五种主要类型：超过 80% 的院落所有权被分割，由多个家庭共同所有；超过 50% 的院落中有多个持有家庭与租赁家庭共居。关于居住现状，超过 80% 的持有家庭拥有独立厨房，50% 拥有独立卫生间。相比之下，超过 90% 的租赁家庭居住于单间房屋，无独立厨房且共用院内卫生间。

（3）米脂窑洞古城四合院中，所有房屋均为个人所有。中庭形式和空间秩序维持较好，中庭作为共用空间，承载居民的各种生活行为。平均每个院落居住 7.74 个家庭，大多数居住家庭共用卫生间、水龙头和下水口。通过对共用空间的利用、打扫和维护，居民形成了具有共同目标的社会初级团体。

四合院的增改建主要集中在 20 世纪 90 年代至 2008 年之间，是房屋持有家庭为提升居住品质和增加租赁收益而进行的自主改造。通过增改建，持有家庭获得了独立厨卫空间，居住品质显著提升，但大多数租赁家庭仍居住于功能混杂的单间房屋内。

（1）调研中未发现将窑洞改建为其他建筑形式的案例，但约 1/3 的砖木房屋被改建为砖混结构平房。此外，多个院落通过墙壁和出入口的增建进行了分割，部分房屋和中庭空间从四合院中独立，导致传统院落的固有形制逐渐瓦解。

（2）窑洞各孔洞相互独立的空间特征使其作为最小生活单位沿用至今。在寒冷的米脂窑洞古城，以黄土和石头为主要材料的窑洞具有优良的保温蓄热性能，空间独立性较好，适合核心家庭的生活模式。窑洞坚固、稳定且明确的空间特性，虽为偶然，却与现代核心家庭化生活模式高度契合。

调查四合院信息汇总　　表 4–9

院落编号	建设年代	空间使用模式							
		家庭数（户）		水道利用（户）		卫生间（个）		厨房（个）	
		持有	租赁	私用	共用	私用	共用	燃气	电
①	明·成化	1	5	0	6	0	6	0	1
②	明·正德	3	3	6	0	6	0	6	0
③	清·崇德	0	11	5	6	0	11	0	2
④	清·康熙	1	0	0	1	0	1	0	0
⑤	清·雍正	2	14	4	12	0	16	0	1
⑥	清·雍正	3	13	16	0	3	13	3	0
⑦	清·乾隆	1	5	6	0	0	6	0	1
⑧	清·乾隆	0	6	0	6	0	6	0	0
⑨	清·乾隆	2	7	9	0	0	9	0	2
⑩	清·乾隆	2	10	12	0	0	12	2	0
⑪	清·乾隆	0	6	0	6	0	6	0	0
⑫	清·乾隆	2	5	4	3	0	7	1	1
⑬	清·乾隆	3	4	6	1	2	5	3	0
⑭	清·道光	1	10	9	2	0	11	1	0
⑮	清·道光	0	2	0	2	0	2	0	0
⑯	清·光绪	2	7	3	6	0	9	0	2
⑰	清·光绪	6	0	6	0	4	2	5	1
⑱	清·同治	1	7	8	0	0	8	2	0
⑲	清末（具体的年代不详）	2	3	5	0	2	3	2	3
⑳		5	9	10	4	4	10	3	1
㉑		3	2	5	0	0	5	0	0
㉒		2	9	11	0	2	9	2	1
㉓		2	5	7	0	0	7	2	0
㉔		2	4	6	0	2	4	2	1
㉕		3	11	8	6	2	12	2	0
㉖	民国	2	3	4	1	1	4	3	0
㉗	民国	0	3	0	3	0	3	0	0
㉘	1920 年前后	2	12	0	14	0	14	0	2
㉙	1920 年前后	2	4	6	0	2	4	2	0
㉚	1920 年前后	1	3	1	3	1	3	1	0
㉛	1930 年前后	1	0	1	0	1	0	1	0
合计		57	183	158	82	32	208	43	19

○有　一无

续表

院落面积（m²）	居住面积（m²）	增改建过程						
		院落分割	重建	增建		厨卫改造		
				居室	仓储	a	b	c
647	167	—	—	—	○	1		
664	413	—	○	—	○	1		
913	295	—	○	—	○	1		
557	23	—	—	—	—			
890	300	○	○	—	○	1		
1107	506	—	○	—	○			
591	78	—	—	—	○	1		
561	168	—	—	—	○			
1009	292	—	○	—	○	1	1	
902	331	—	○	—	○			1
860	166	—	—	—	—			
484	142	—	—	—	○		2	
617	225	○	○	—	—	1		
834	313	—	—	○	○			
423	77	—	—	—	○			
557	230	—	○	—	—	2		
704	168	—	—	—	—	2	1	3
676	218	—	—	○	○			
545	149	—	—	—	○	4	1	
1184	388	—	○	—	○	1	3	
736	201	—	—	—	○			
1052	298	—	—	○	—		3	
660	272	—	○	—	—			
485	317	—	○	—	—			
995	406	○	○	—	—		1	
441	157	○	○	—	—	2		
327	54	—	—	—	—			
697	344	—	○	○	—	1		
438	201	—	○	—	—			1
714	239	—	—	—	—		1	
570	138	—	○	—	—		1	
21840	7276	4 院	16 院	4 院	15 院	19	14	5

○有　一无

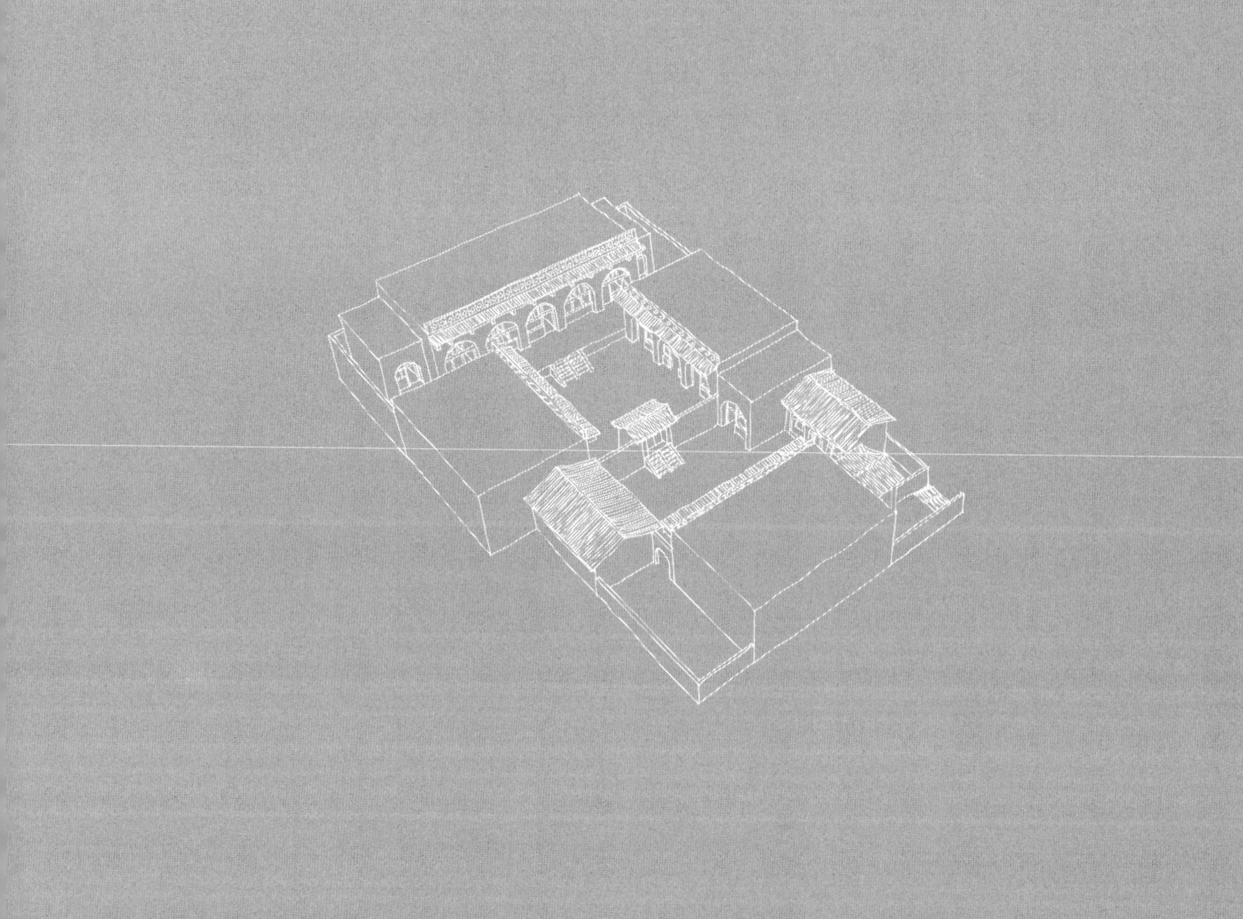

第 5 章

资料汇编

在本章中，我们对米脂窑洞古城内调查的 31 个四合院进行了详尽的图纸汇总，涵盖了建筑信息、当前居住状况、增建与改建的历史沿革，以及现有的平面图和根据访谈推测的初始平面图（图 5-1）。通过这一系列的资料整理与分析，我们不仅勾勒出了这些四合院的建筑演变史，还揭示了它们在社会变迁中的生活图景。

每一座四合院都是米脂窑洞古城历史的活化石，承载着丰富的文化记忆和独特的生活方式。从最初的建筑布局到今天的居住形态，四合院的变迁映射出时代的印记和社会的发展。通过对现有平面图与初期平面图的对比，我们清晰地看到了这些传统建筑在功能、结构和空间利用上的演变，这不仅是建筑艺术的展现和社会进步的缩影，更体现了传统四合院对社会和时代的包容性及适应性，反映了传统居住建筑的建造智慧。

本章的图纸汇总不仅是对米脂窑洞古城四合院的全面记录，更为未来的保护与修复工作提供了宝贵的参考资料。我们希望通过这些详实的数据和信息，能够引起更多人对米脂窑洞古城四合院的关注与重视，共同参与到这些宝贵文化遗产的保护中来。展望未来，我们期待进一步深入挖掘这些四合院的历史细节，探索其中蕴含的更多文化价值，为米脂窑洞古城的保护与传承贡献更多的智慧与力量。

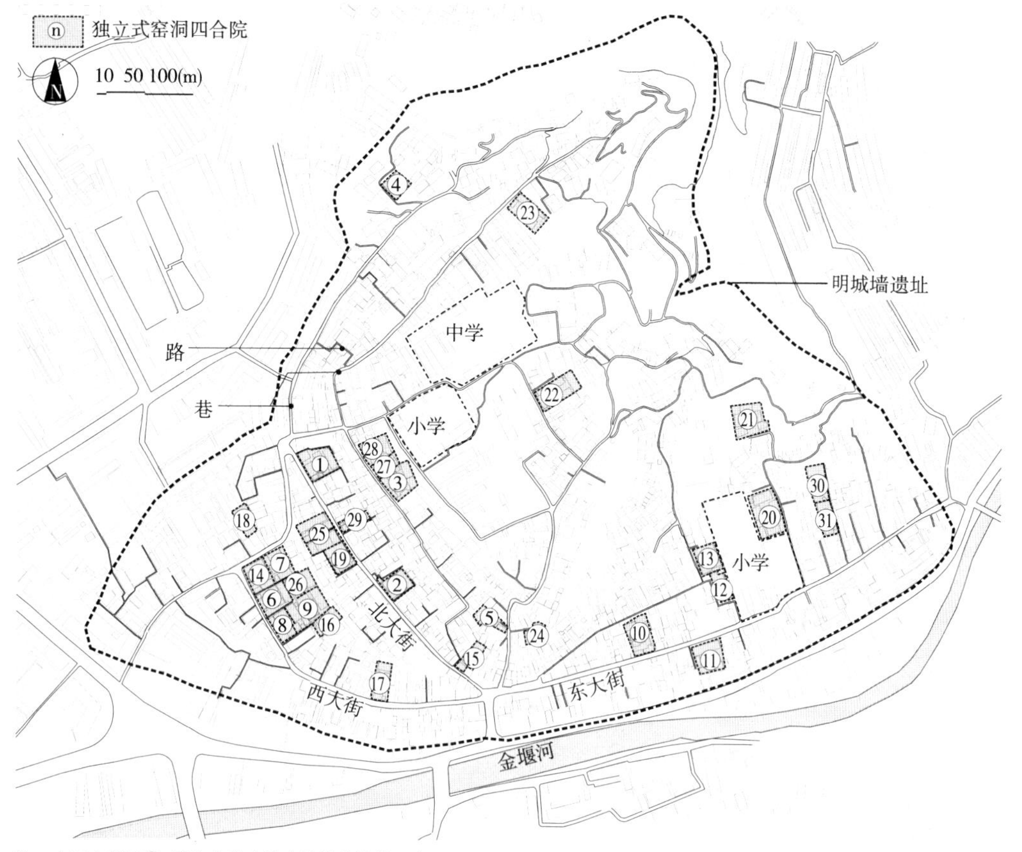

注：本图中编号①~㉛与本章表格中的院落编号一致。

图 5-1 调查四合院分布图

北大街 51 号信息表 表 5-1

<table>
<tr><th>院落编号</th><th>院落类型</th><th>建设年代</th><th>院落面积</th><th>居住面积</th><th colspan="2">居住家庭数</th></tr>
<tr><td>① 北大街 51 号</td><td>一进四合院</td><td>明成化</td><td>674m²</td><td>167m²</td><td>持有家庭 1</td><td>租赁家庭 5</td></tr>
<tr><td rowspan="3">空间使用模式</td><td>自来水道使用</td><td colspan="5">院落中共有一个公共龙头，6 个家庭共同使用</td></tr>
<tr><td>卫生间使用</td><td colspan="5">院落中共有一个公共卫生间，6 个家庭共同使用</td></tr>
<tr><td>厨房使用</td><td colspan="5">增建一个厨房，未接入天然气，使用电器进行烹饪；
其余 5 个家庭在居室内完成烹饪，夏季多使用电器，
冬季多使用与火炕相连接的灶</td></tr>
<tr><td>增改建过程</td><td colspan="6">增建储藏室 2 间，厨房 1 间</td></tr>
<tr><td colspan="3">区位图</td><td colspan="4">院落简述</td></tr>
<tr><td colspan="3">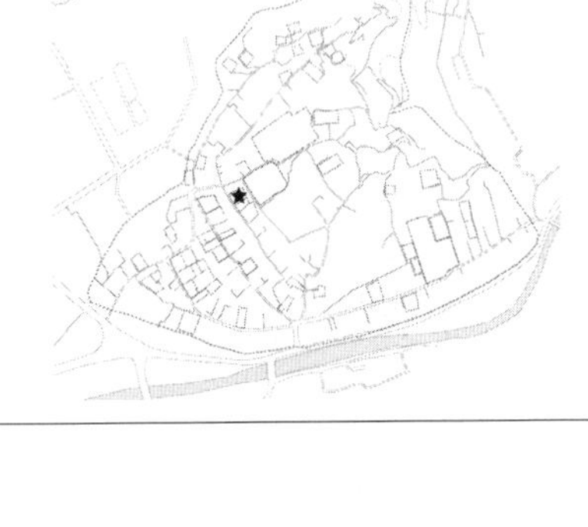</td><td colspan="4">院落始建于明成化年间，明代驻守边疆守将高庆后人修建，历年多次补葺。为典型的陕北特色的明三暗二两厢房四合院布局，主要由正窑五孔、厢房三间、倒座房五间及大门组成，厢房和倒座房均为砖木结构。
现产权由多个家庭共同所有。目前一个持有家庭和五个租赁家庭共同居住。院落中有一个公共的水龙头和卫生间。院落整体保留了原有格局，倒座房因年久失修废弃不用</td></tr>
</table>

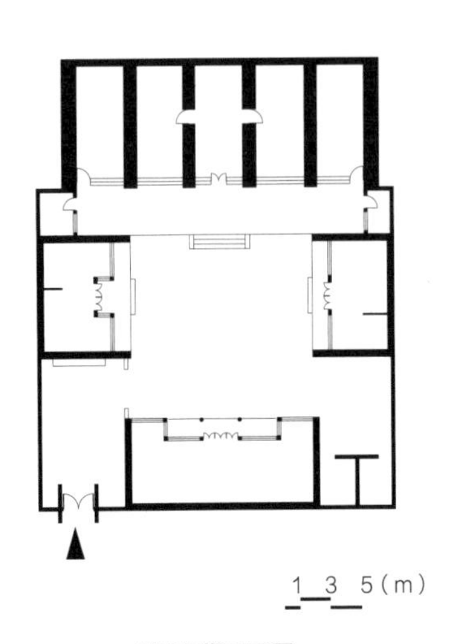

建设初期平面图
（根据现有资料和访谈推测）

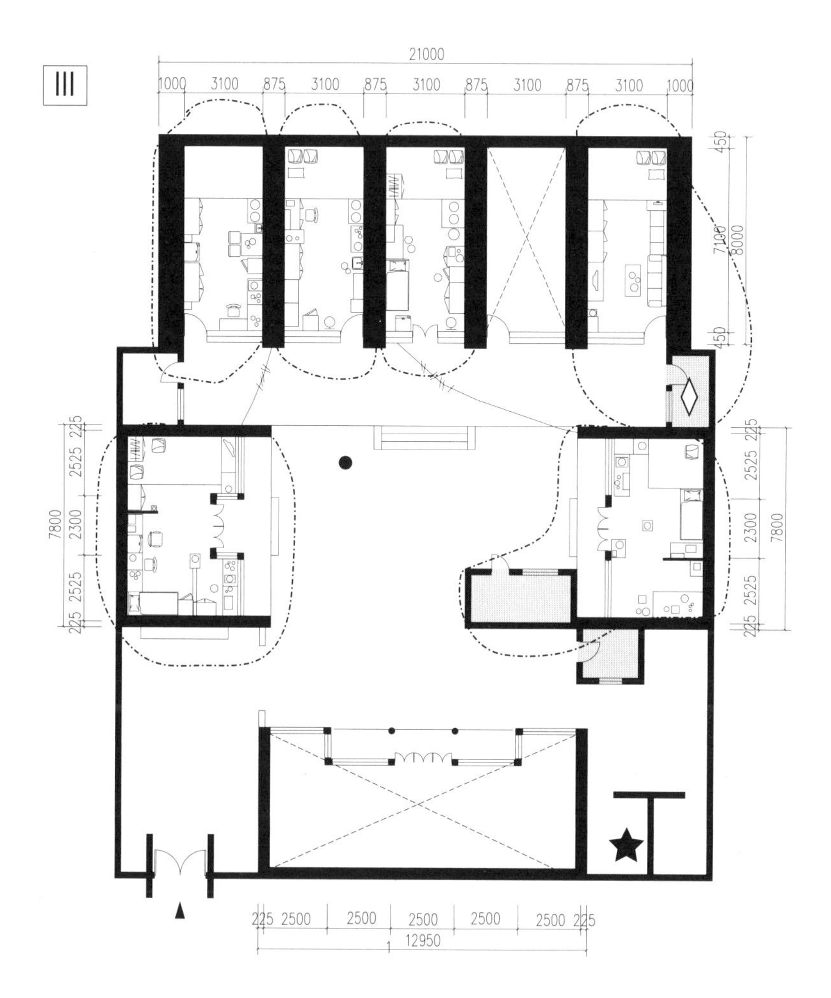
III
21000
1000
3100
875
3100
875
3100
875
3100
875
3100
1000
450
7100
8000
450
225
2525
2300
2525
225
7800
225
2525
2300
2525
225
7800
225
2500
2500
2500
2500
2500
225
12950

院落平面图

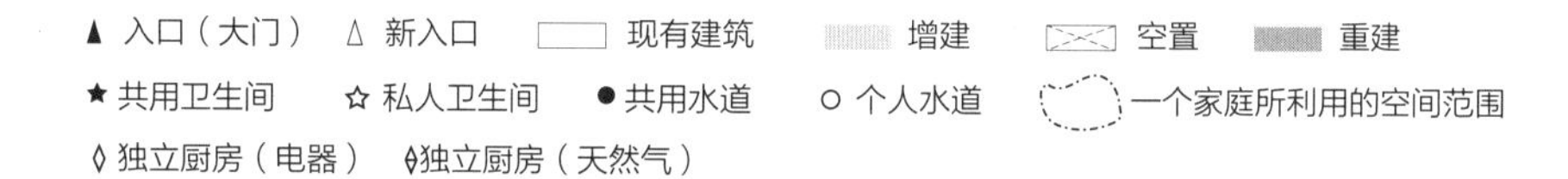
▲ 入口（大门）
△ 新入口
现有建筑
增建
空置
重建
★ 共用卫生间
☆ 私人卫生间
● 共用水道
○ 个人水道
一个家庭所利用的空间范围
◊ 独立厨房（电器）
独立厨房（天然气）

北大街 25 号信息表　　表 5-2

院落编号	院落类型	建设年代	院落面积	居住面积	居住家庭数	
② 北大街 25 号	一进四合院	明正德	664m²	413m²	持有家庭 3	租赁家庭 3
空间使用模式	自来水道使用	上下水道全部引入各个房间内，无共用水龙头				
	卫生间使用	各个家庭均有自己专用的卫生间，无共用卫生间				
	厨房使用	经过改建和重建，目前各个家庭均有独立的厨房空间，且都接入天然气，没有传统的灶台空间				
增改建过程	增建储藏间 1 间，厨房 + 卫生间 1 间 原有砖木结构的厢房和倒座房改建为平房，新房屋的平面采用了现代的平面布局，有可以使用天然气的独立厨房和有冲水马桶的卫生间					
区位图	院落简述					
	院落始建于明正德年间，为艾家四合院。建设初期与后侧的院落相互连通构成三进四合院，因为分家和售卖以及自主改造分割成两个院落。现存院落正窑为五开间十字拱型独立式窑洞，窑脸正中书“惠迪吉”，砖木结构的厢房和倒座房均改造为平房且厨卫齐全。现产权由多个家庭共同所有。其中一个持有家庭为该院落的家族继承人，其他 2 个持有家庭则是从其他继承人手中购入					

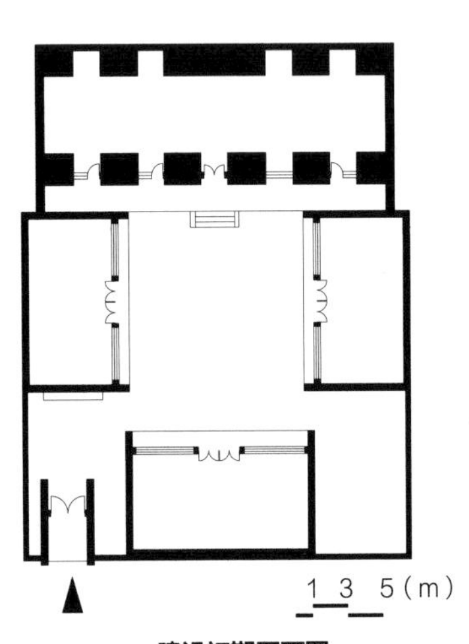

建设初期平面图
（根据现有资料和访谈推测）

Ⅲ

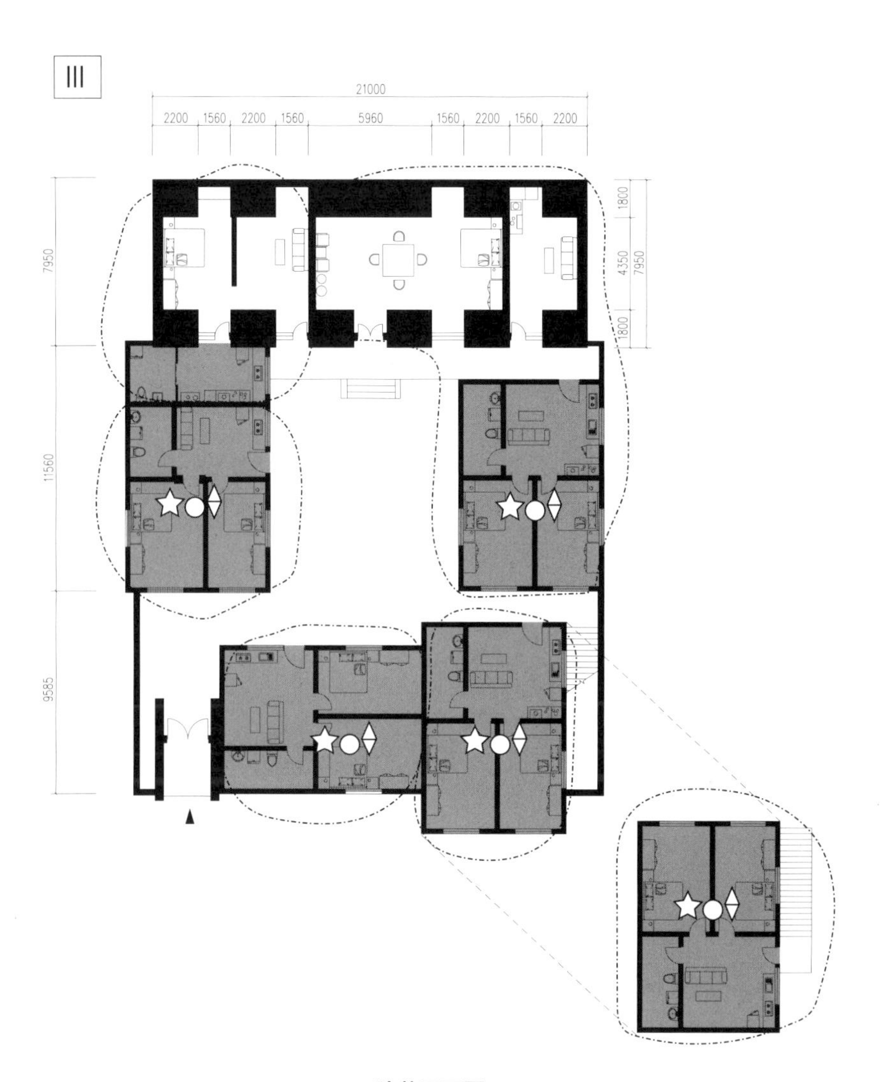

院落平面图

▲ 入口（大门）　△ 新入口　▭ 现有建筑　▨ 增建　⊠ 空置　■ 重建

★ 共用卫生间　☆ 私人卫生间　● 共用水道　○ 个人水道　一个家庭所利用的空间范围

◊ 独立厨房（电器）　♦ 独立厨房（天然气）

市口巷 18 号信息表 表 5-3

院落编号	院落类型	建设年代	院落面积	居住面积	居住家庭数	
③ 市口巷 18 号	二跨四合院	清崇德	913m^2	295m^2	持有家庭 0	租赁家庭 11
空间使用模式	自来水道使用	院落中共有一个公共龙头，其中 6 个家庭共同使用，5 个家庭的居室内引入水龙头				
	卫生间使用	院落中共有一个公共卫生间，11 个家庭共同使用				
	厨房使用	增建 2 个厨房，未接入天然气，使用电器进行烹饪； 厢房由砖木结构改建为砖混结构的平房，设置有单独的厨房空间，未接入天然气，使用电器进行烹饪				
增改建过程	增建 2 个厨房、1 个储物间 西院厢房由砖木结构改建为砖混结构					
区位图		院落简述				
		院落始建于清崇德年间，由东西两个院落构成的二跨四合院。东西两院均由一列三孔的独立式窑洞作为正窑，砖木结构的房屋作为左右厢房。西院有独立式窑洞的倒座，东院采用砖木结构的房屋作为倒座。 现产权由多个家庭共同所有，所有持有家庭均已搬离古城，仅有 11 个租赁家庭居住，共用院内的卫生间，并共同维护公共空间的卫生清洁。部分家庭有室内的水龙头，其余家庭共用院内的水龙头				

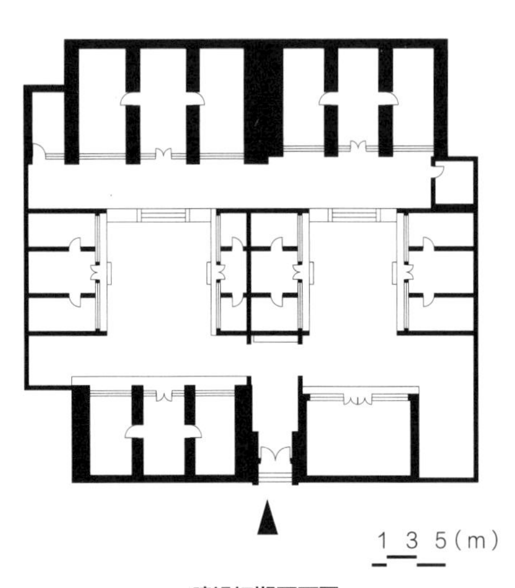

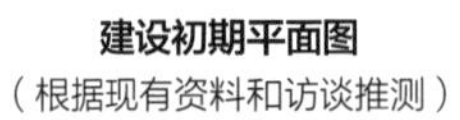

建设初期平面图

（根据现有资料和访谈推测）

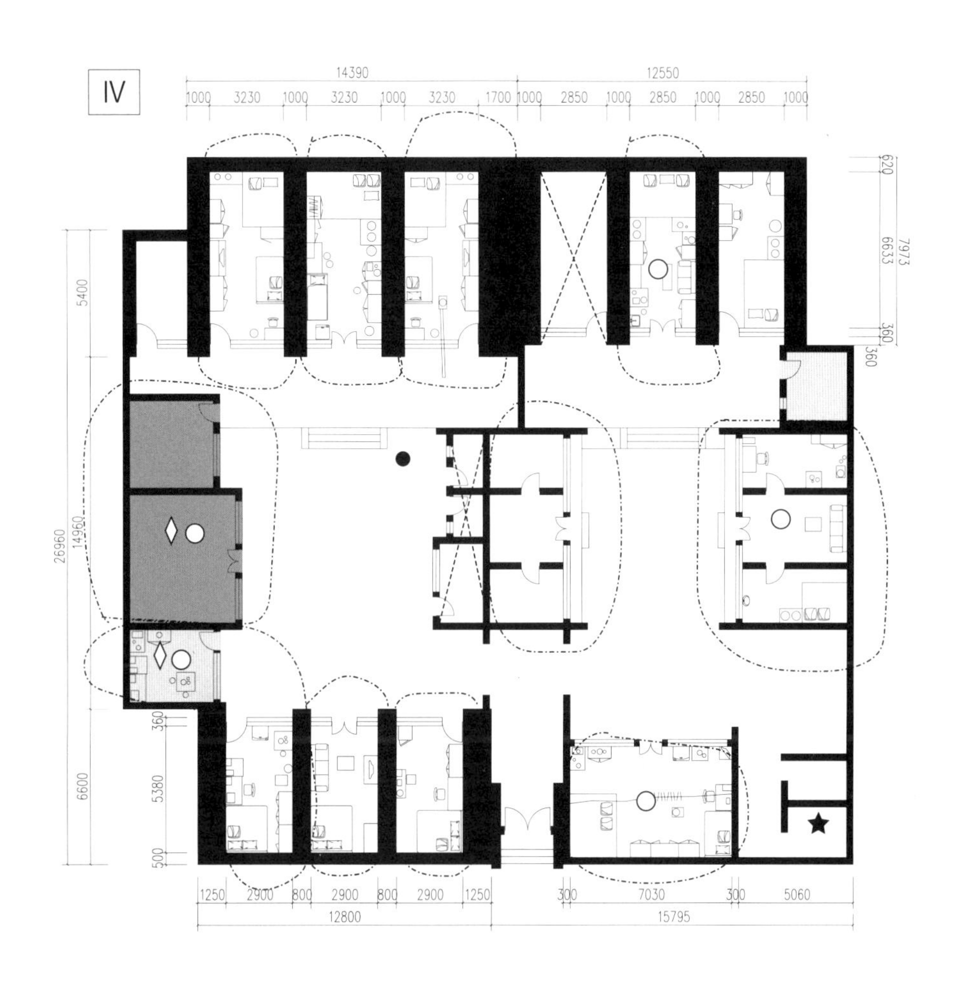

院落平面图

▲ 入口（大门） △ 新入口 现有建筑 增建 空置 重建
★ 共用卫生间 ☆ 私人卫生间 ● 共用水道 ○ 个人水道 一个家庭所利用的空间范围
◊ 独立厨房（电器） ◊ 独立厨房（天然气）

华严寺湾 73 号信息表 **表 5-4**

院落编号	院落类型	建设年代	院落面积	居住面积	居住家庭数	
④华严寺湾 73 号	一进四合院	清康熙	558m^2	23m^2	持有家庭 1	租赁家庭 0
空间使用模式	自来水道使用	院落中共有一个公共龙头，1 个家庭使用				
	卫生间使用	院落中共有一个公共卫生间，1 个家庭使用				
	厨房使用	无单独的厨房空间，在居室内进行烹饪				
增改建过程	无增改建					
区位图		院落简述				
		院落始建于清康熙年间，院落仅由正窑和倒座窑构成，均采用独立式窑洞。正窑的体量相对较大为居住使用，倒座窑体量相对较小，为收纳和仓储使用。 现产权由一个持有家庭所有，目前仅有一个持有家庭居住。庭院内设置有水龙头和卫生间				

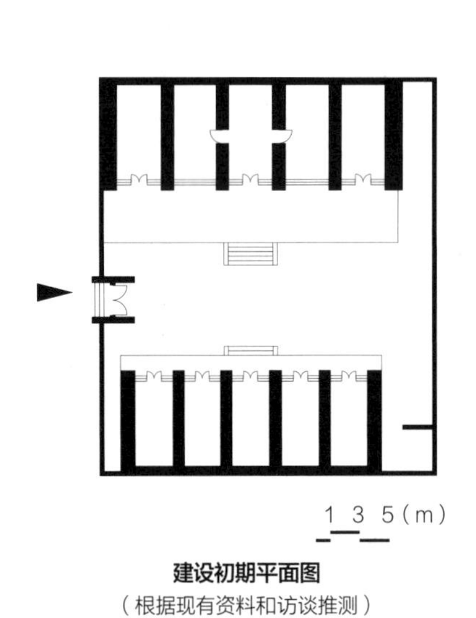

建设初期平面图
（根据现有资料和访谈推测）

Ⅰ

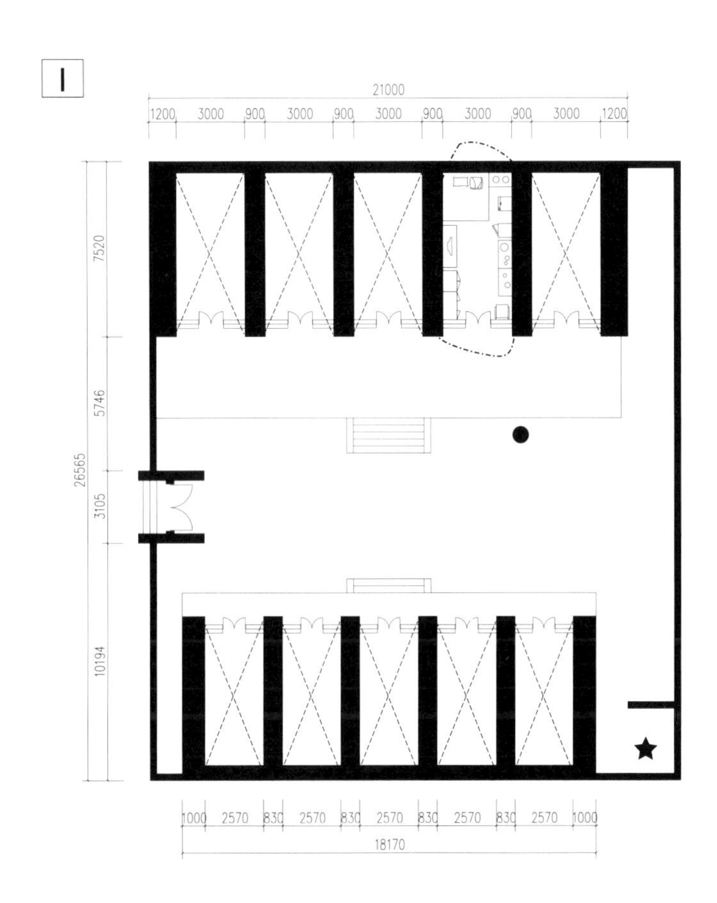
21000
1200
3000
900
3000
900
3000
900
3000
900
3000
1200
7520
5746
26565
3105
10194
1000
2570
830
2570
830
2570
830
2570
830
2570
1000
18170

院落平面图

▲ 入口（大门）
△ 新入口
现有建筑
增建
空置
重建
★ 共用卫生间
☆ 私人卫生间
● 共用水道
○ 个人水道
一个家庭所利用的空间范围
◊ 独立厨房（电器）
独立厨房（天然气）

石坡 8 号信息表 **表 5–5**

院落编号	院落类型	建设年代	院落面积	居住面积	居住家庭数	
⑤石坡 8 号	二进四合院	清雍正	890m^2	300m^2	持有家庭 2	租赁家庭 14
空间使用模式	自来水道使用	院落中共有 2 个公共龙头，12 个家庭共同使用，其余 4 个家庭在居室中引入了上水道和独立水龙头				
	卫生间使用	院落中共有一个公共卫生间，16 个家庭共同使用				
	厨房使用	增建一个厨房，未接入天然气，使用电器进行烹饪； 其余 15 个家庭在居室内完成烹饪，夏季多使用电器，冬季多使用与火炕相连接的灶				
增改建过程	增建厨房 1 间，储藏间 2 间 将原有上院东西厢房和下院东西厢房及倒座房拆除，重建了砖混结构的平房和独立式窑洞用于租赁 加建围墙，将原有一个院落划分为 2 个独立院落，并设置新出入口					
区位图		院落简述				
		院落始建于清雍正年间，曾为杜氏家族所有的二进四合院。经过访谈可知，原本院落上院由明三暗二的正窑和一列三孔的厢窑构成，下院由砖木结构的厢房的倒座房构成。 现产权由多个家庭共同所有，由于产权分割，原有中庭内加建了墙体将院落一分为二。目前 2 个持有家庭和 14 个租赁家庭共同居住。原有西厢窑和砖木结构房屋均进行了拆除重建，导致传统的院落空间遭到较大破坏				

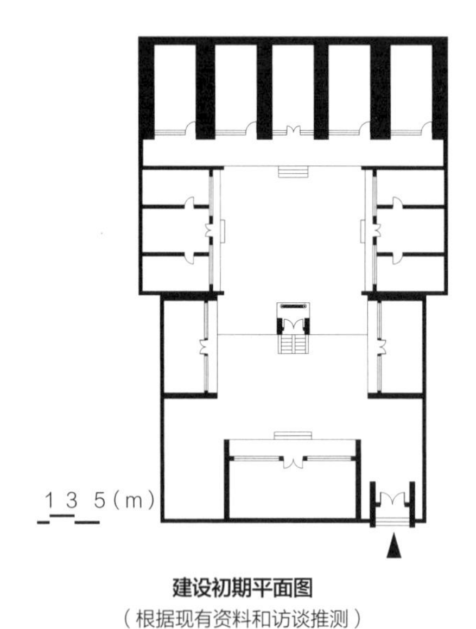

建设初期平面图
（根据现有资料和访谈推测）

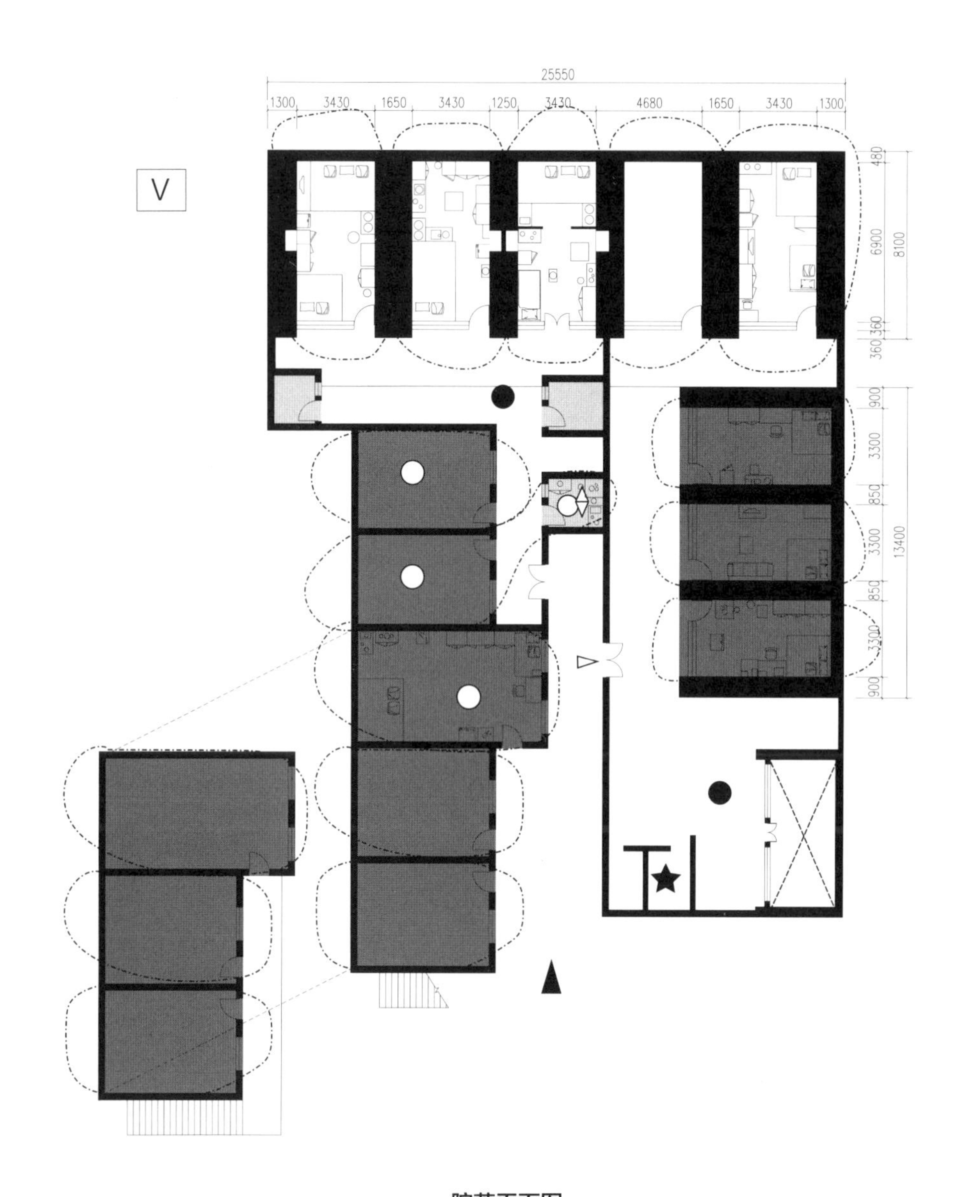
V
25550
1300
3430
1650
3430
1250
3430
4680
1650
3430
1300
480
6900
8100
360
360
900
3300
850
3300
13400
850
3300
900

院落平面图

▲ 入口（大门）
△ 新入口
现有建筑
增建
空置
重建
★ 共用卫生间
☆ 私人卫生间
● 共用水道
○ 个人水道
一个家庭所利用的空间范围
◊ 独立厨房（电器）
独立厨房（天然气）

西大街 49 号信息表 表 5–6

院落编号	院落类型	建设年代	院落面积	居住面积	居住家庭数	
⑥西大街 49 号	二进四合院	清雍正	1107m^2	506m^2	持有家庭 3	租赁家庭 13
空间使用模式	自来水道使用	院落各个居室内接入水龙头，无公共水龙头				
	卫生间使用	院落中有一个公共卫生间，13 个家庭共同使用，3 个家庭拥有独立卫生间				
	厨房使用	3 个家庭拥有独立的厨房空间，采用天然气灶台；其余 13 个家庭在居室内完成烹饪，多使用电器				
增改建过程	增建储藏室 3 间 原有砖木结构的厢房和店铺改建为砖混结构的房屋，接入水龙头，在部分居室还设置了独立的厨房和卫生间					
区位图		院落简述				
		院落始建于清雍正年间，为典型的明三暗二两厢房二进四合院布局，初建时为正窑五孔，上下院的厢房均为砖木结构，倒座窑为十字拱型窑洞。 现产权由多个家庭共同所有。目前 3 个持有家庭和 13 个租赁家庭共同居住。原有砖木结构房屋全部被改建为砖混结构，窑洞建筑得以保留。十字拱的倒座窑被一分为二，中间加建墙体，打破了原有的使用模式和建筑美感				

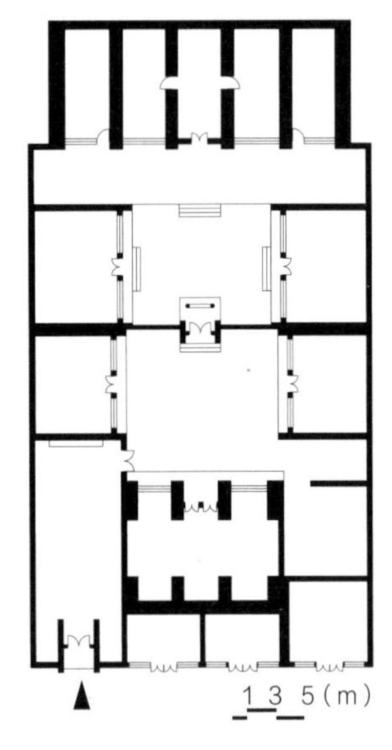

建设初期平面图
（根据现有资料和访谈推测）

Ⅲ

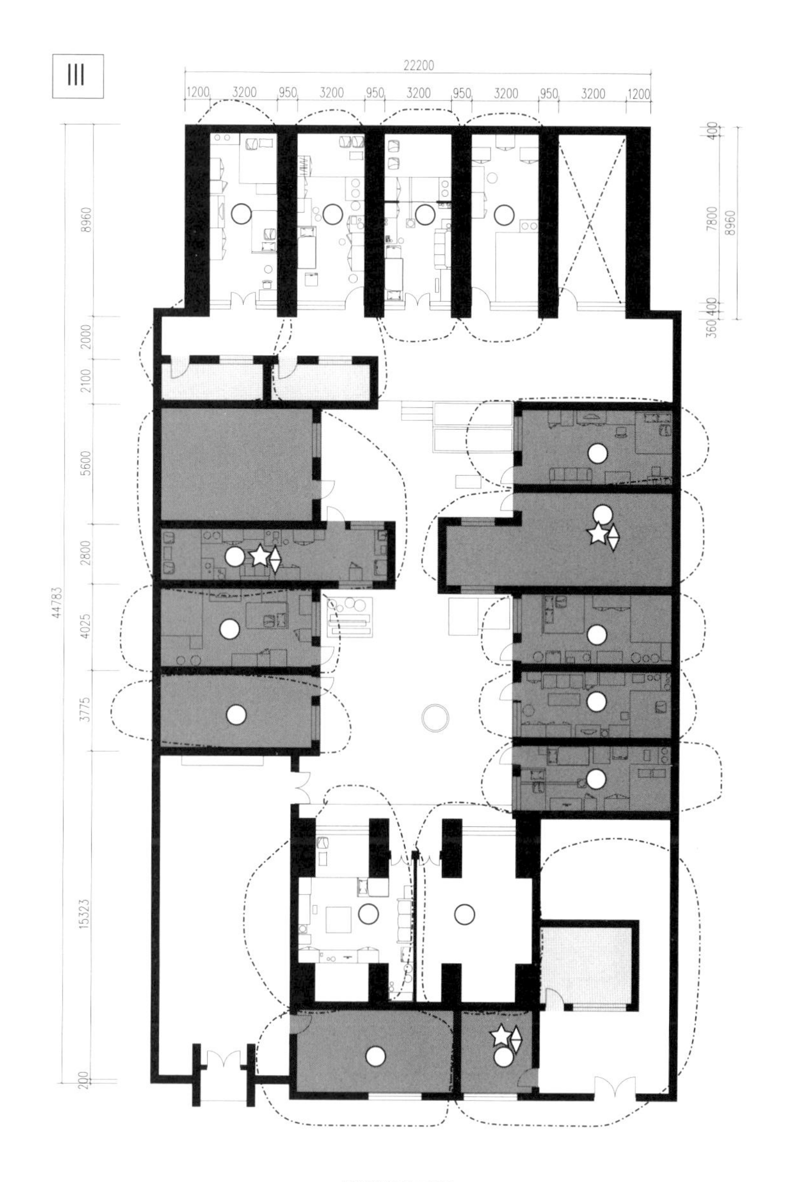

院落平面图

▲ 入口（大门） △ 新入口 现有建筑 增建 空置 重建

★ 共用卫生间 ☆ 私人卫生间 ● 共用水道 ○ 个人水道 一个家庭所利用的空间范围

◊ 独立厨房（电器） ◊ 独立厨房（天然气）

西大街 51 号信息表 表 5-7

院落编号	院落类型	建设年代	院落面积	居住面积	居住家庭数	
⑦西大街 51 号	一进四合院	清乾隆	591m^2	78m^2	持有家庭 1	租赁家庭 5
空间使用模式	自来水道使用	院落各个居室内接入水龙头，无公共水龙头				
	卫生间使用	院落中有一个公共卫生间，6 个家庭共同使用				
	厨房使用	1 个家庭拥有独立的厨房空间，采用电器进行烹饪； 其余 5 个家庭在居室内完成烹饪，夏季多使用电器， 冬季多使用与火炕相连的灶				
增改建过程	增建储藏室 2 间，厨房 1 间					
区位图			院落简述			
			院落始建于清乾隆年间，院落中所有单体建筑都由窑洞构成。正窑和倒座窑为一列三孔的独立式窑洞，厢窑为十字拱型窑洞。 现产权由多个家庭共同所有。目前 1 个持有家庭和 5 个租赁家庭共同居住。倒座窑中间孔作为出入口，除西厢窑废弃无人居住外，其余一个家庭居住于一孔窑洞中。居民通过加建围墙在大的院落内分割出小的院落空间，将公共中庭的一部分空间作为个人空间使用			

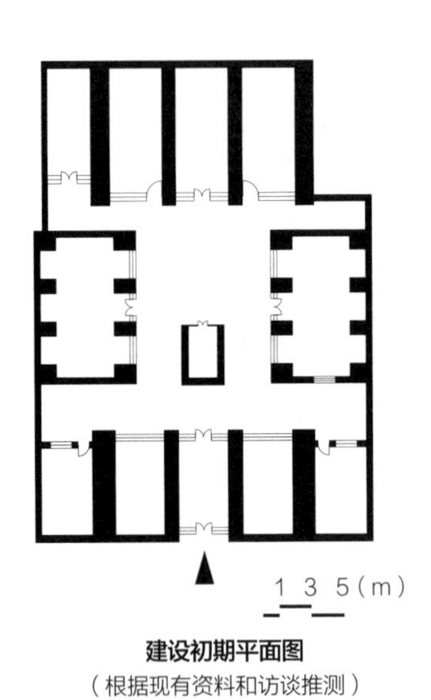

建设初期平面图
（根据现有资料和访谈推测）

Ⅲ

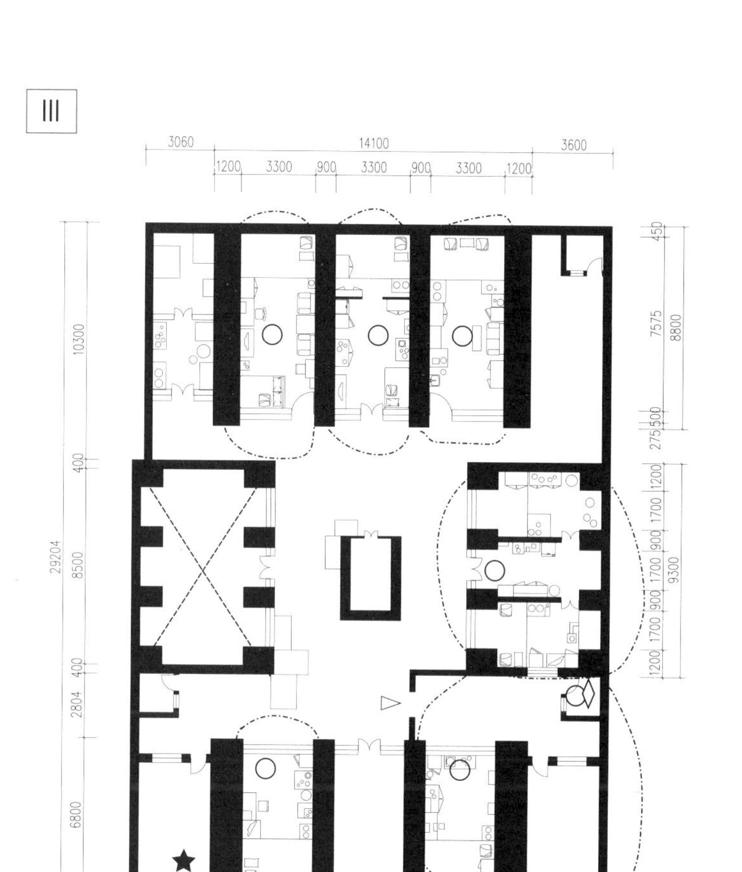

院落平面图

▲ 入口（大门） △ 新入口 现有建筑 增建 空置 重建

★ 共用卫生间 ☆私人卫生间 ● 共用水道 ○个人水道 一个家庭所利用的空间范围

◊ 独立厨房（电器） ◊ 独立厨房（天然气）

西大街 43 号信息表 表 5-8

院落编号	院落类型	建设年代	院落面积	居住面积	居住家庭数	
⑧西大街 43 号	一进四合院	清乾隆	561m^2	168m^2	持有家庭 0	租赁家庭 6
空间使用模式	自来水道使用	院落中有 1 个公共水龙头，6 个家庭共同使用				
	卫生间使用	院落中有 2 个公共卫生间，6 个家庭共同使用				
	厨房使用	6 个家庭在居室内完成烹饪，夏季多使用电器， 冬季多使用与火炕相连的灶				
增改建过程	增建储藏室 1 间，卫生间 1 间					
区位图		院落简述				
		院落始建于清乾隆年间，是典型的一进四合院布局，在院落的西南角设置有以前孩童读书的书院。除正窑为一列三孔的独立式窑洞外，其余建筑均为砖木结构建筑。 现产权由多个家庭共同所有，目前只有 6 个租赁家庭居住。居民在书院加建了储藏室和卫生间来提升居住的便利度。由于只有租赁家庭居住在院落内，堆砌了很多杂物，空间较为杂乱				

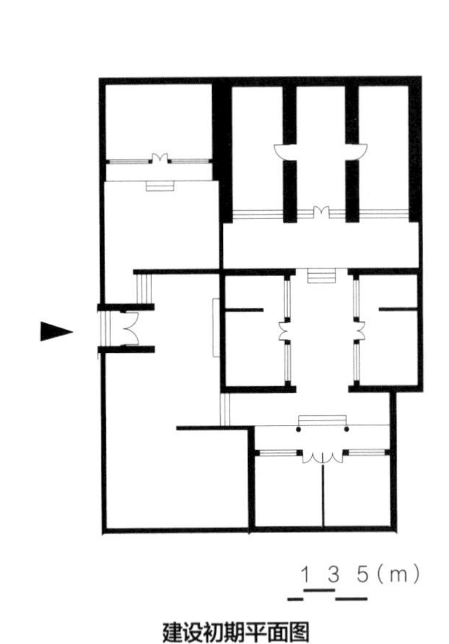

建设初期平面图
（根据现有资料和访谈推测）

Ⅳ

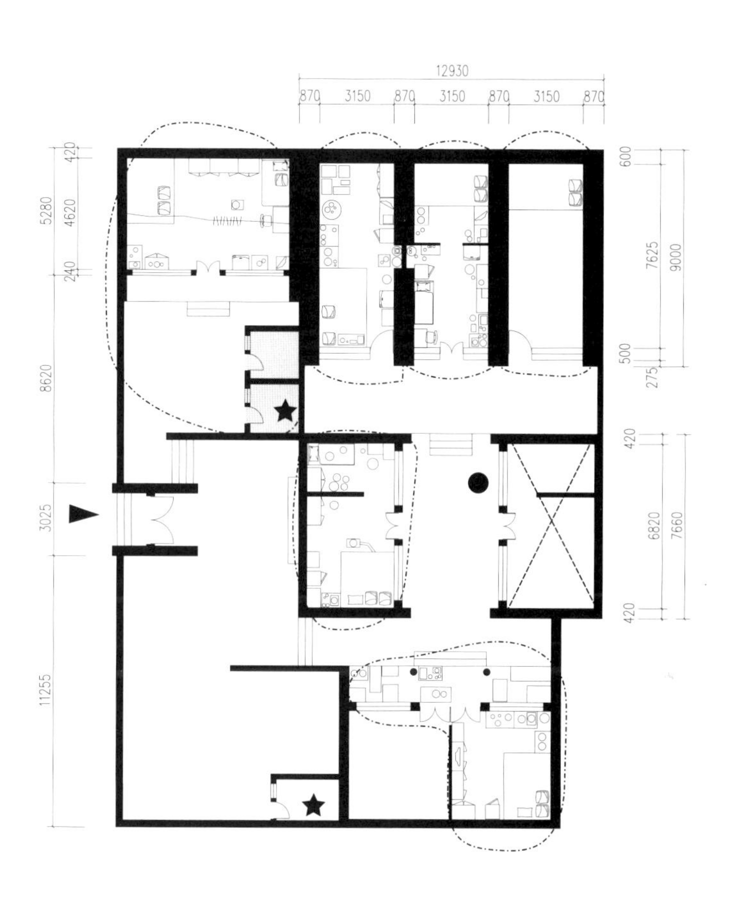

院落平面图

▲ 入口（大门） △ 新入口 现有建筑 增建 空置 重建

★ 共用卫生间 ☆私人卫生间 ● 共用水道 ○个人水道 一个家庭所利用的空间范围

◊ 独立厨房（电器） 独立厨房（天然气）

西大街 45 号信息表　　表 5–9

院落编号	院落类型	建设年代	院落面积	居住面积	居住家庭数	
⑨西大街 45 号	二进四合院	清乾隆	1009m^2	292m^2	持有家庭 2	租赁家庭 7
空间使用模式	自来水道使用	院落各个居室内接入水龙头，无公共水龙头				
	卫生间使用	院落中有 1 个公共卫生间，9 个家庭共同使用				
	厨房使用	增建一个厨房，未接入天然气，使用电器进行烹饪；6 个家庭在居室内完成烹饪，夏季多使用电器，冬季多使用与火炕相连的灶				
增改建过程	增建储藏室 2 间，厨房 1 间					
区位图		院落简述				
		院落始建于清乾隆年间，为二进四合院。上院为典型的明三暗二两厢窑的建筑构成，下院的倒座房（厅窑）为十字拱型。在院落的东南角设有书院，是以前孩童读书和藏书的地方。 现产权由多个家庭共同所有，目前有 2 个持有家庭和 7 个租赁家庭共同居住，是古城中保存状况最完整的院落之一。为了提升居住品质，在院内增建了 2 个储藏室和 2 个厨房				

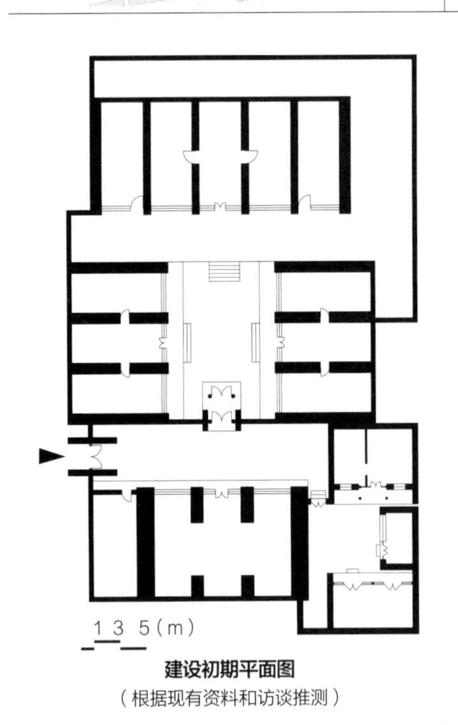

建设初期平面图
（根据现有资料和访谈推测）

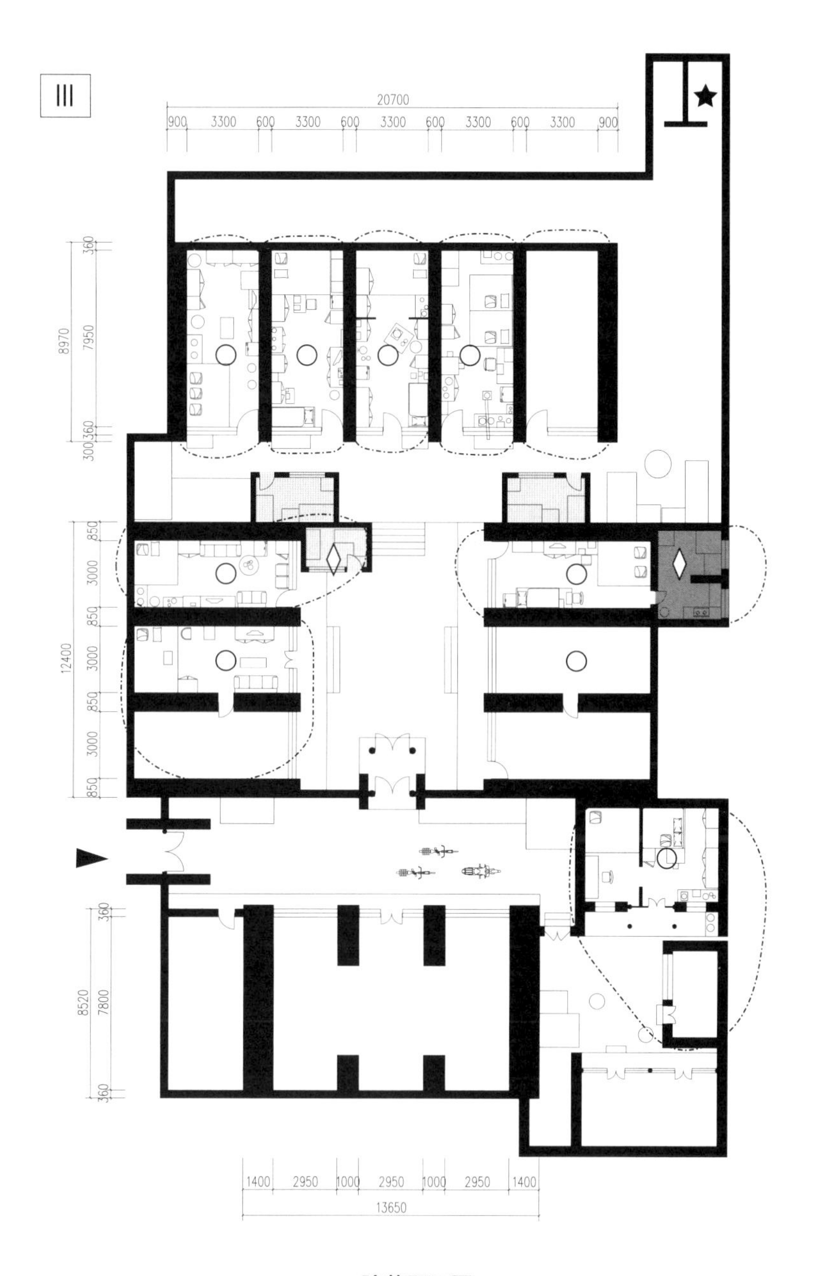

院落平面图

▲ 入口（大门）　△ 新入口　现有建筑　增建　空置　重建

★ 共用卫生间　☆私人卫生间　● 共用水道　○ 个人水道　一个家庭所利用的空间范围

◊ 独立厨房（电器）　◊ 独立厨房（天然气）

东大街 20 号信息表 **表 5-10**

院落编号	院落类型	建设年代	院落面积	居住面积	居住家庭数	
⑩东大街 20 号	二跨四合院	清乾隆	902m^2	331m^2	持有家庭 2	租赁家庭 10
空间使用模式	自来水道使用	院落各个居室内接入水龙头，无公共水龙头				
	卫生间使用	院落中有 1 个公共卫生间，12 个家庭共同使用				
	厨房使用	有 2 个家庭拥有独立厨房，均接入天然气 其余 10 个家庭在居室内完成烹饪，夏季多使用电器， 冬季多使用与火炕相连的灶				
增改建过程	增建储藏室 1 间 对砖木结构的房屋进行部分扩建，实现了独立的厨房空间 西院厢房被改建为窑洞，东院倒座房被改造为砖混结构的平房					
区位图			院落简述			
			院落始建于清乾隆年间，为东西两院构成的二跨四合院。西院为一进四合院，由正窑、倒座窑和厢房构成，东院为二进四合院，由正窑、厢房、过厅和倒座房构成。 现产权由多个家庭共同所有，目前有 2 个持有家庭和 10 个租赁家庭共同居住。为了改善居住品质，居民通过部分扩建的方式实现独立的厨房空间，将原有砖木结构房屋改建为窑洞或砖混平房，从而提升室内舒适度			

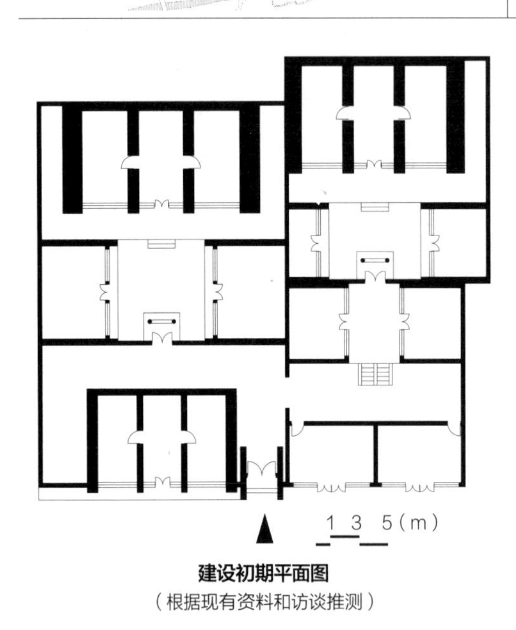

建设初期平面图
（根据现有资料和访谈推测）

III

院落平面图

▲ 入口（大门） △ 新入口 现有建筑 增建 空置 重建

★ 共用卫生间 ☆私人卫生间 ●共用水道 ○个人水道 一个家庭所利用的空间范围

◊ 独立厨房（电器） ◊独立厨房（天然气）

东大街 35 号信息表　　表 5-11

<table>
<tr><th>院落编号</th><th>院落类型</th><th>建设年代</th><th>院落面积</th><th>居住面积</th><th colspan="2">居住家庭数</th></tr>
<tr><td>⑪ 东大街 35 号</td><td>二跨四合院</td><td>清乾隆</td><td>860m²</td><td>166m²</td><td>持有家庭 0</td><td>租赁家庭 6</td></tr>
<tr><td rowspan="3">空间使用模式</td><td>自来水道使用</td><td colspan="5">院落有 2 个公共水龙头，6 个家庭共同使用</td></tr>
<tr><td>卫生间使用</td><td colspan="5">院落有 2 个公共卫生间，6 个家庭共同使用</td></tr>
<tr><td>厨房使用</td><td colspan="5">没有独立的厨房空间，6 个家庭在居室内完成烹饪，
夏季多使用电器，冬季多使用与火炕相连的灶</td></tr>
<tr><td>增改建过程</td><td colspan="6">多处建筑废弃，没有明显的增改建</td></tr>
<tr><td colspan="2">区位图</td><td colspan="5">院落简述</td></tr>
<tr><td colspan="2"></td><td colspan="5">院落始建于清乾隆年间，该民居原为高金榕修建，为东西两院构成的二跨四合院。两院均为二进四合院，共用一个正窑，正窑和西院的倒座为独立式窑洞，西院西厢房和东院东厢房为小窑 + 砖木型，其余建筑为砖木结构的房屋。
现产权由多个家庭共同所有，目前有 6 个租赁家庭共同居住。因为年久失修，多处房屋已经废弃或坍塌，急需进行修复</td></tr>
</table>

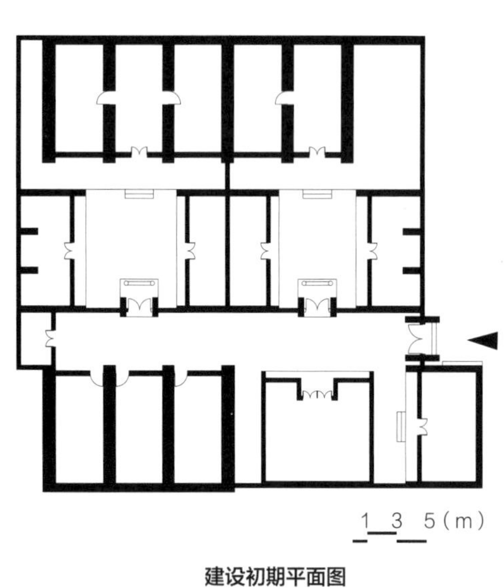

建设初期平面图
（根据现有资料和访谈推测）

Ⅳ

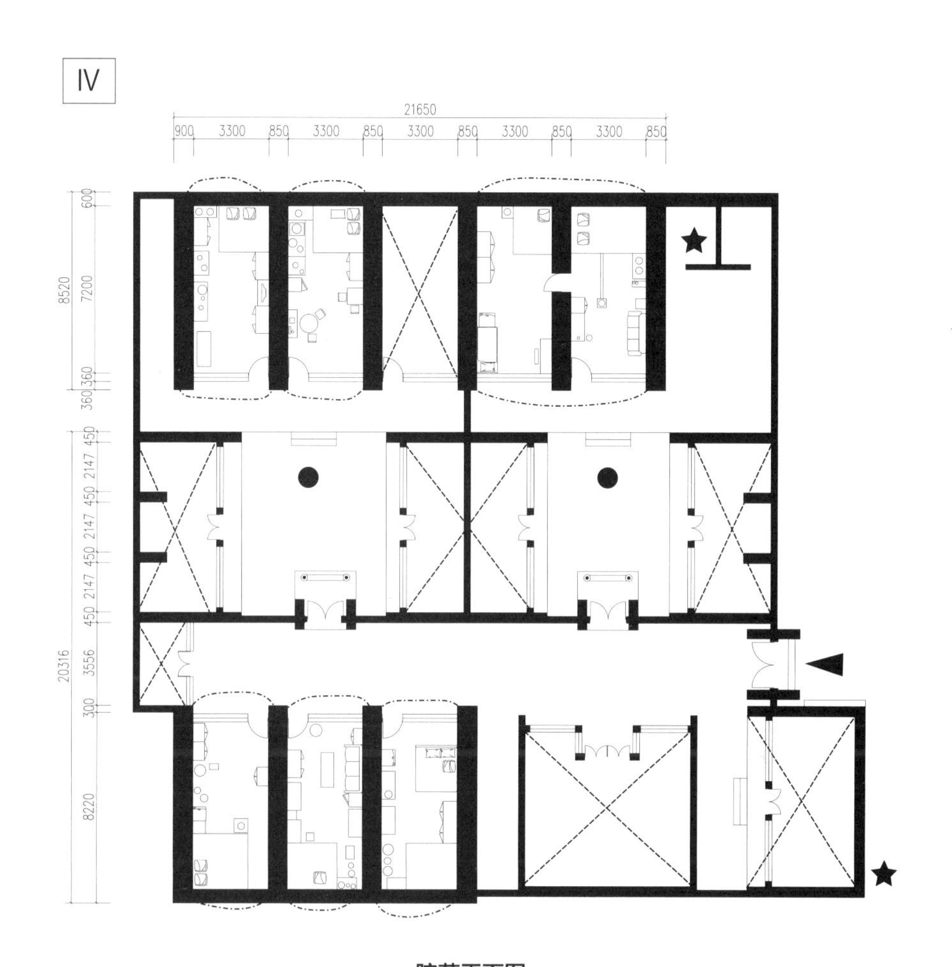

院落平面图

▲ 入口（大门） △ 新入口 现有建筑 增建 空置 重建

★ 共用卫生间 ☆私人卫生间 ● 共用水道 ○个人水道 一个家庭所利用的空间范围

◊ 独立厨房（电器） 独立厨房（天然气）

安巷子 1 号信息表 **表 5–12**

<table>
<tr><th>院落编号</th><th>院落类型</th><th>建设年代</th><th>院落面积</th><th>居住面积</th><th colspan="2">居住家庭数</th></tr>
<tr><td>⑫ 安巷子 1 号</td><td>二进四合院</td><td>清乾隆</td><td>484m^2</td><td>142m^2</td><td>持有家庭 2</td><td>租赁家庭 5</td></tr>
<tr><td rowspan="3">空间使用模式</td><td>自来水道使用</td><td colspan="5">4 个家庭的居室中已经引入上下水道，有独立水龙头，院落有 1 个公共水龙头，3 个家庭共同使用</td></tr>
<tr><td>卫生间使用</td><td colspan="5">院落中有 1 个公共卫生间，7 个家庭共同使用</td></tr>
<tr><td>厨房使用</td><td colspan="5">通过改变房屋的空间布局，2 个家庭可以使用独立的厨房空间，其中一个引入天然气，一个使用电器进行烹饪
其余 5 个家庭在居室内完成烹饪，夏季多使用电器，冬季多使用与火炕相连的灶</td></tr>
<tr><td>增改建过程</td><td colspan="6">增建储藏室 1 间</td></tr>
<tr><td colspan="2">区位图</td><td colspan="5">院落简述</td></tr>
<tr><td colspan="2"></td><td colspan="5">院落始建于清乾隆年间，是典型的二进四合院布局。正窑为“一列三孔”的独立式窑洞，其余建筑均为砖木结构的房屋。在正窑后方有与窑洞相连的用于储藏的窑洞，类似于北京四合院中的“后罩房”。
现产权由多个家庭共同所有，目前有 2 个持有家庭和 5 个租赁家庭共同居住。院落未经过大的增建或改建，依然保持着传统风貌</td></tr>
</table>

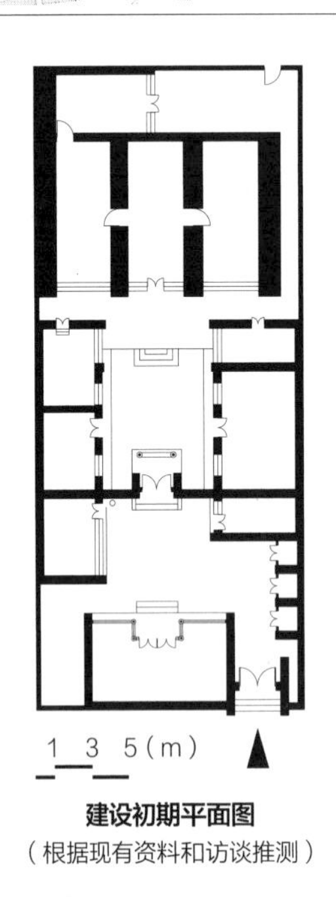

建设初期平面图
（根据现有资料和访谈推测）

III

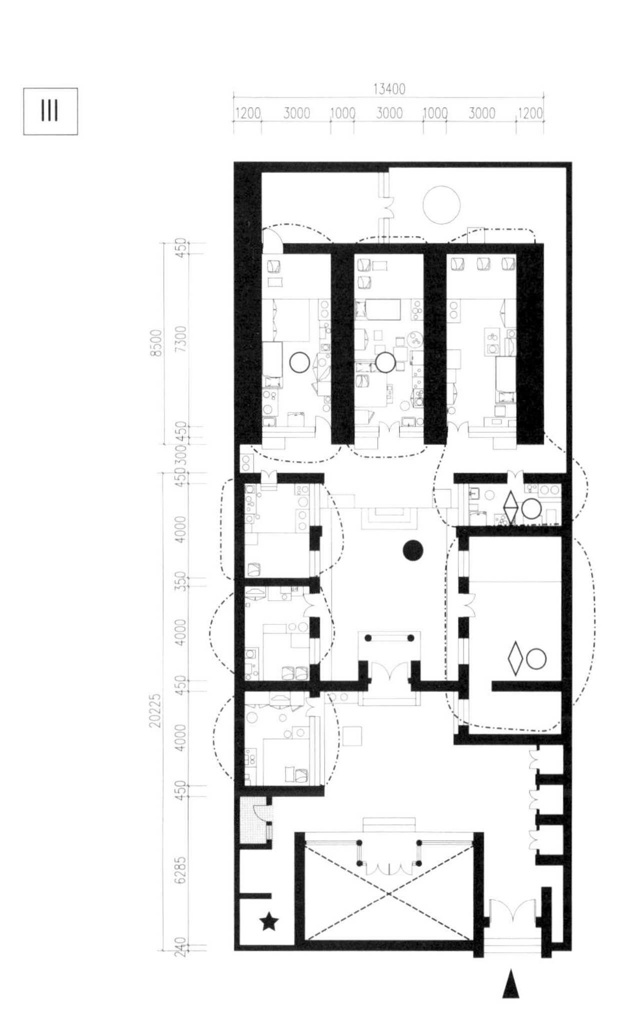
13400
1200
3000
1000
3000
1000
3000
1200
450
7300
8500
450
300
450
4000
350
4000
450
20225
4000
450
6285
240

院落平面图

▲ 入口（大门）
△ 新入口
现有建筑
增建
空置
重建
★ 共用卫生间
☆ 私人卫生间
● 共用水道
○ 个人水道
一个家庭所利用的空间范围
◊ 独立厨房（电器）
独立厨房（天然气）

安巷子 5 号信息表 表 5–13

院落编号	院落类型	建设年代	院落面积	居住面积	居住家庭数	
⑬ 安巷子 5 号	一进四合院	清乾隆	617m^2	225m^2	持有家庭 3	租赁家庭 4
空间使用模式	自来水道使用	6 个家庭的居室中已经引入上下水道，有独立水龙头，院落有 1 个公共水龙头，1 个家庭使用				
	卫生间使用	2 个家庭有独立的卫生间，使用冲水马桶 院落中有 1 个公共卫生间，其余 5 个家庭共同使用				
	厨房使用	1 个家庭通过增建、2 个家庭通过重建的方式拥有了独立的厨房空间，均使用天然气进行烹饪。 其余 4 个家庭在居室内完成烹饪，夏季多使用电器，冬季多使用与火炕相连的灶				
增改建过程	增建厨房 1 间 原砖木结构的倒座房被重建为砖混结构的房屋，有独立厨房和冲水马桶 通过重建，原有的院落被分割为 2 个，传统四合院的格局遭到破坏					
区位图		院落简述				
		院落始建于清乾隆年间，是明三暗二的一进四合院，除正窑外的其余建筑均为砖木结构的房屋。进入大门后通过转扇门进入上院，正窑东侧设置有小的用于储藏的小窑洞。 现产权由多个家庭共同所有，倒座房被重建为砖混结构的 2 层建筑，使四合院失去了院落结构的完整性。随后为了进一步明确空间使用范围，持有家庭在上院中庭砌筑矮墙，使院落结构进一步分割				

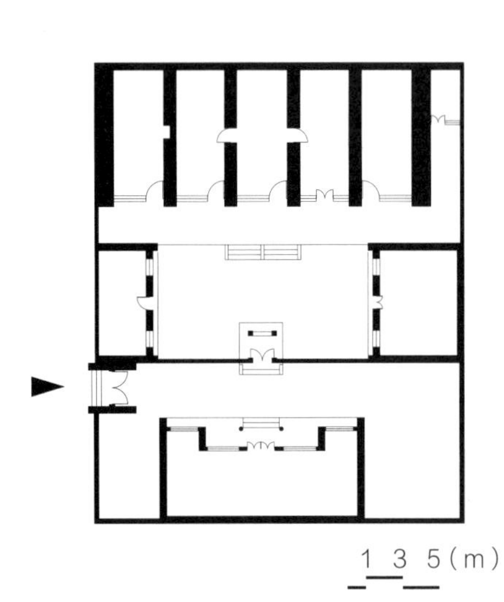

建设初期平面图
（根据现有资料和访谈推测）

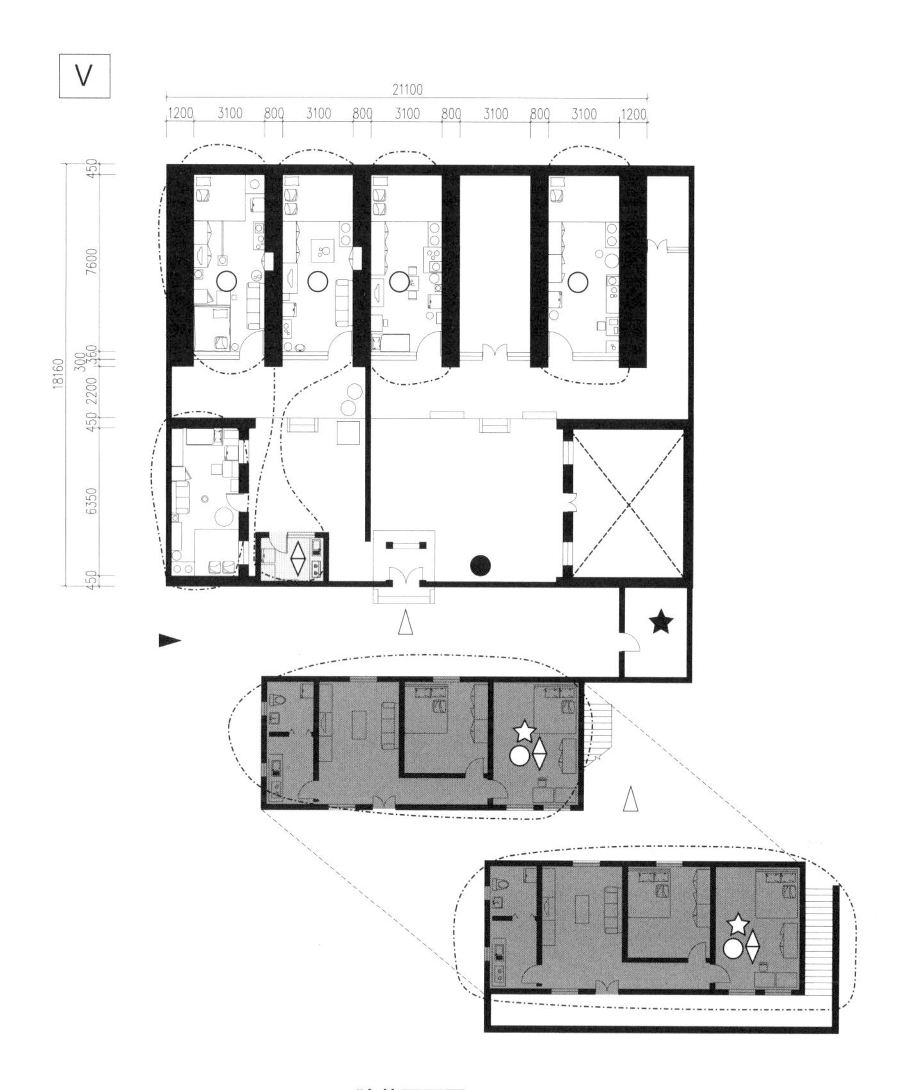

院落平面图

▲ 入口（大门） △ 新入口 现有建筑 增建 空置 重建

★ 共用卫生间 ☆ 私人卫生间 ● 共用水道 ○ 个人水道 一个家庭所利用的空间范围

◊ 独立厨房（电器） ◊ 独立厨房（天然气）

西大街 47 号信息表 **表 5-14**

<table>
<tr><th>院落编号</th><th>院落类型</th><th>建设年代</th><th>院落面积</th><th>居住面积</th><th colspan="2">居住家庭数</th></tr>
<tr><td>⑭ 西大街 47 号</td><td>一进四合院</td><td>清道光</td><td>834m²</td><td>313m²</td><td>持有家庭 1</td><td>租赁家庭 10</td></tr>
<tr><td rowspan="3">空间使用模式</td><td>自来水道使用</td><td colspan="5">9 个家庭的居室中已经引入上下水道，有独立水龙头
院落有 1 个公共水龙头，2 个家庭使用</td></tr>
<tr><td>卫生间使用</td><td colspan="5">院落中有 1 个公共卫生间，其余 11 个家庭共同使用</td></tr>
<tr><td>厨房使用</td><td colspan="5">1 个家庭通过重建，拥有了独立的厨房空间，使用天然气进行烹饪。
其余 10 个家庭在居室内完成烹饪，夏季多使用电器，冬季多使用与火炕相连的灶</td></tr>
<tr><td>增改建过程</td><td colspan="6">增建储藏室 1 间
新建居室一套，有独立厨房</td></tr>
<tr><td colspan="2">区位图</td><td colspan="5">院落简述</td></tr>
<tr><td colspan="2">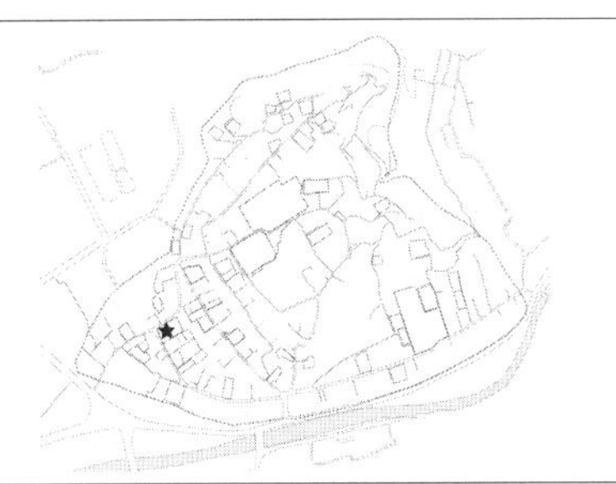</td><td colspan="5">院落始建于清道光年间，是典型的一进四合院。建设初期在西北角设有书院，西南角设有别院。正窑和倒座窑都由 3 孔窑构成，两侧的厢房为十字拱型窑洞，且倒座窑的中间孔作为院落的出入口。
现产权由多个家庭共同所有，1 个持有家庭和 10 个租赁家庭共同居住。持有家庭将砖木结构的房屋重建为砖混结构，实现了独立的厨房空间</td></tr>
</table>

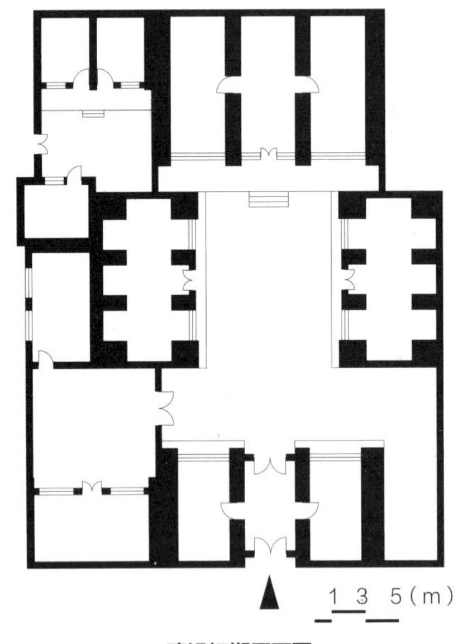

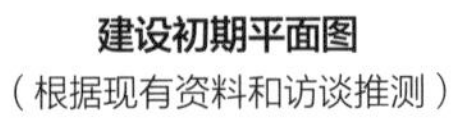

建设初期平面图
（根据现有资料和访谈推测）

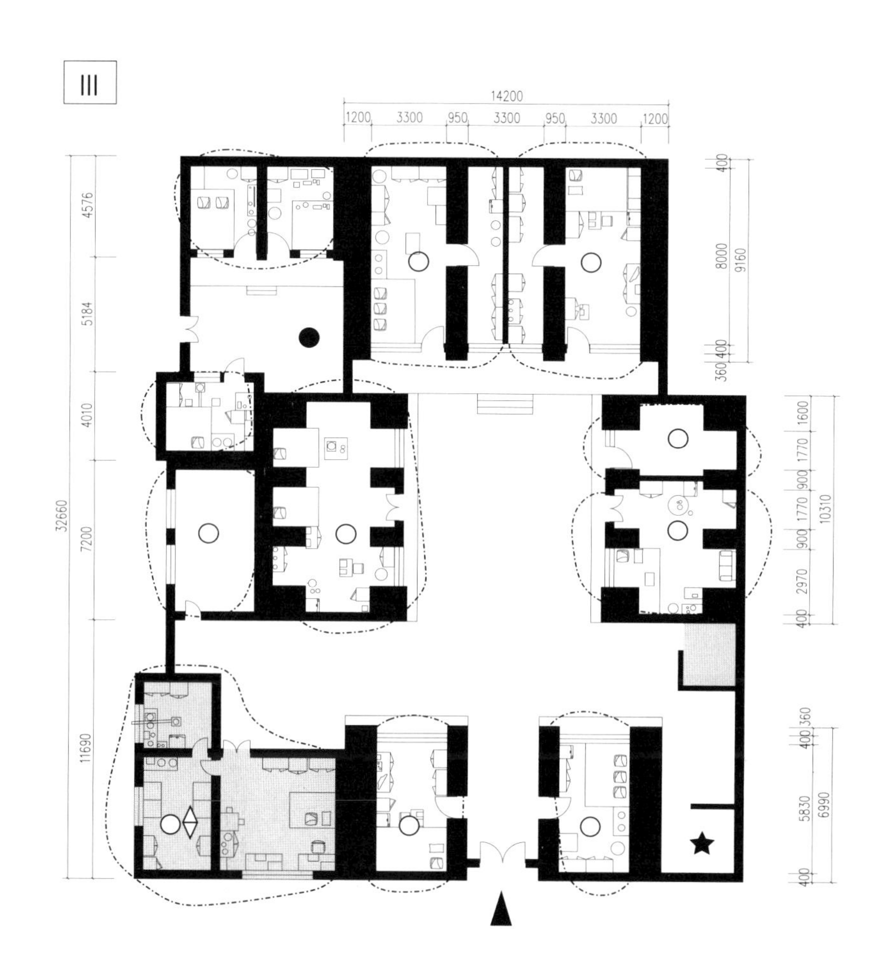

院落平面图

▲ 入口（大门） △ 新入口 ▭ 现有建筑 增建 空置 重建

★ 共用卫生间 ☆ 私人卫生间 ● 共用水道 ○ 个人水道 一个家庭所利用的空间范围

◊ 独立厨房（电器） ◊ 独立厨房（天然气）

市口巷 1 号信息表 表 5-15

院落编号	院落类型	建设年代	院落面积	居住面积	居住家庭数	
⑮ 市口巷 1 号	一进四合院	清道光	423m^2	77m^2	持有家庭 0	租赁家庭 2
空间使用模式	自来水道使用	院落有 1 个公共水龙头，2 个家庭使用				
	卫生间使用	院落有 1 个公共卫生间，2 个家庭共同使用				
	厨房使用	2 个家庭在居室内完成烹饪，夏季多使用电器，冬季多使用与火炕相连的灶				
增改建过程	增建储藏室 1 间					
区位图		院落简述				
		院落始建于清道光年间，倒座房与临街的商铺相连通，是典型的商住两用的一进四合院。正窑为独立式窑洞，厢房采用了小窑 + 砖木型。倒座和商铺为砖木结构的房屋。 现产权由多个家庭共同所有，仅有两户租赁家庭居住。目前商铺空间依然作为商业使用，院落内没有明显的增建或改建痕迹，整体依然保持着传统的风貌				

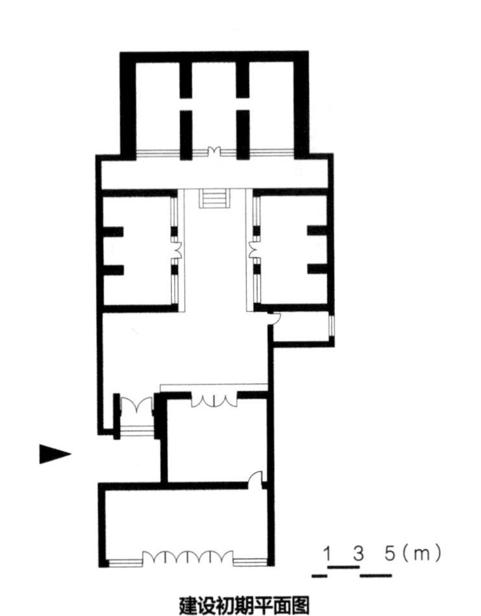

建设初期平面图

（根据现有资料和访谈推测）

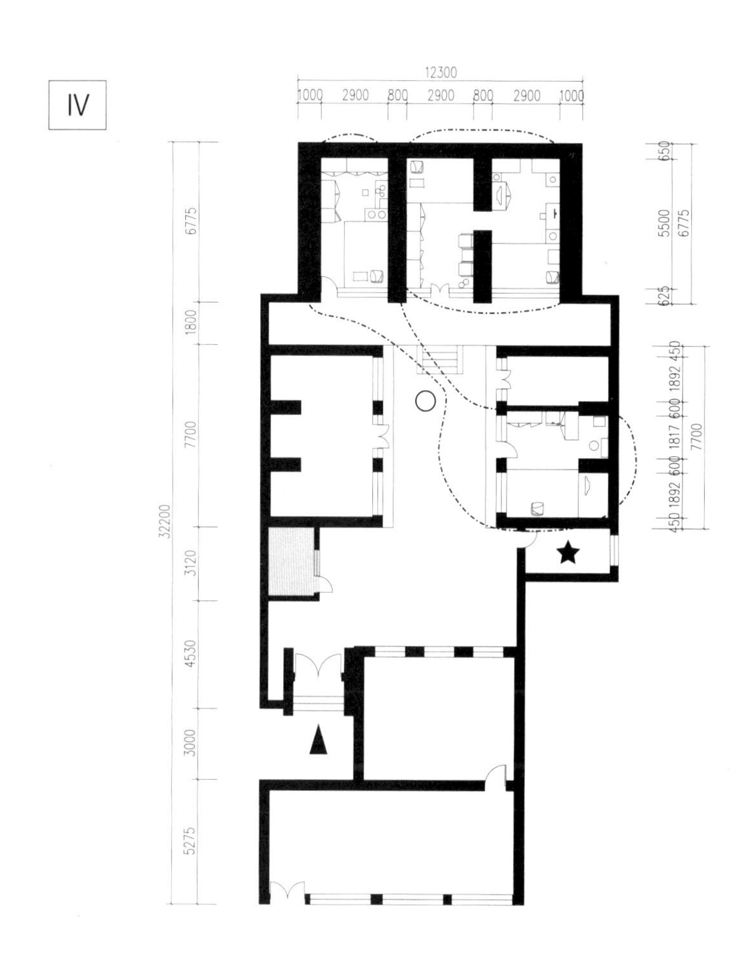

院落平面图

▲ 入口（大门） △ 新入口 现有建筑 增建 空置 重建

★ 共用卫生间 ☆ 私人卫生间 ● 共用水道 ○ 个人水道 一个家庭所利用的空间范围

◊ 独立厨房（电器） ◊ 独立厨房（天然气）

西大街 41 号信息表 **表 5–16**

<table>
<tr><th>院落编号</th><th>院落类型</th><th>建设年代</th><th>院落面积</th><th>居住面积</th><th colspan="2">居住家庭数</th></tr>
<tr><td>⑯ 西大街 41 号</td><td>二进四合院</td><td>清光绪</td><td>557m²</td><td>230m²</td><td>持有家庭 2</td><td>租赁家庭 7</td></tr>
<tr><td rowspan="3">空间使用模式</td><td>自来水道使用</td><td colspan="5">3 个家庭的居室中已经引入上下水道，有独立水龙头
院落有 1 个公共水龙头，6 个家庭使用</td></tr>
<tr><td>卫生间使用</td><td colspan="5">院落中共有 1 个公共卫生间，9 个家庭共同使用</td></tr>
<tr><td>厨房使用</td><td colspan="5">增建 2 个厨房，未接入天然气，使用电器进行烹饪；
其余 7 个家庭在居室内完成烹饪，夏季多使用电器，冬季多使用与火炕相连接的灶</td></tr>
<tr><td>增改建过程</td><td colspan="6">增建 2 个厨房
上院和下院的西厢房被重建为砖混结构的房屋，倒座房被重建为独立式窑洞，
下院东厢房拆除</td></tr>
<tr><td colspan="2">区位图</td><td colspan="5">院落简述</td></tr>
<tr><td colspan="2"></td><td colspan="5">院落始建于清光绪年间，是二进窑洞四合院，正窑为三孔独立式窑洞，左右厢窑为小窑 + 砖木型，下院的建筑均为砖木结构。
现产权由多个家庭共同所有。目前 2 个持有家庭和 7 个租赁家庭共同居住，院落中有一个公共的水龙头和卫生间。院落经过居民的增建和改建，原有二进院落的空间秩序被破坏，目前仅有一个中庭空间且空间利用较为杂乱</td></tr>
</table>

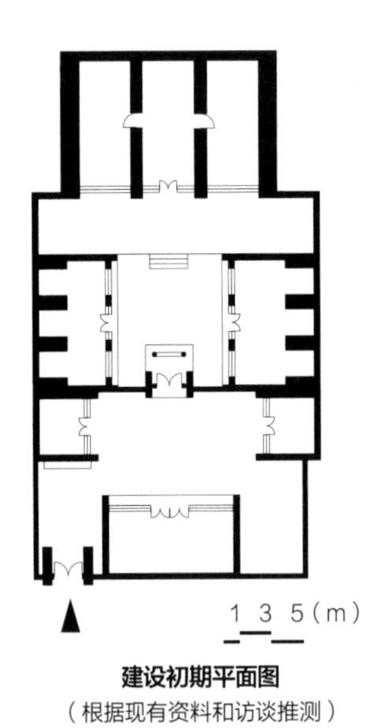

建设初期平面图
（根据现有资料和访谈推测）

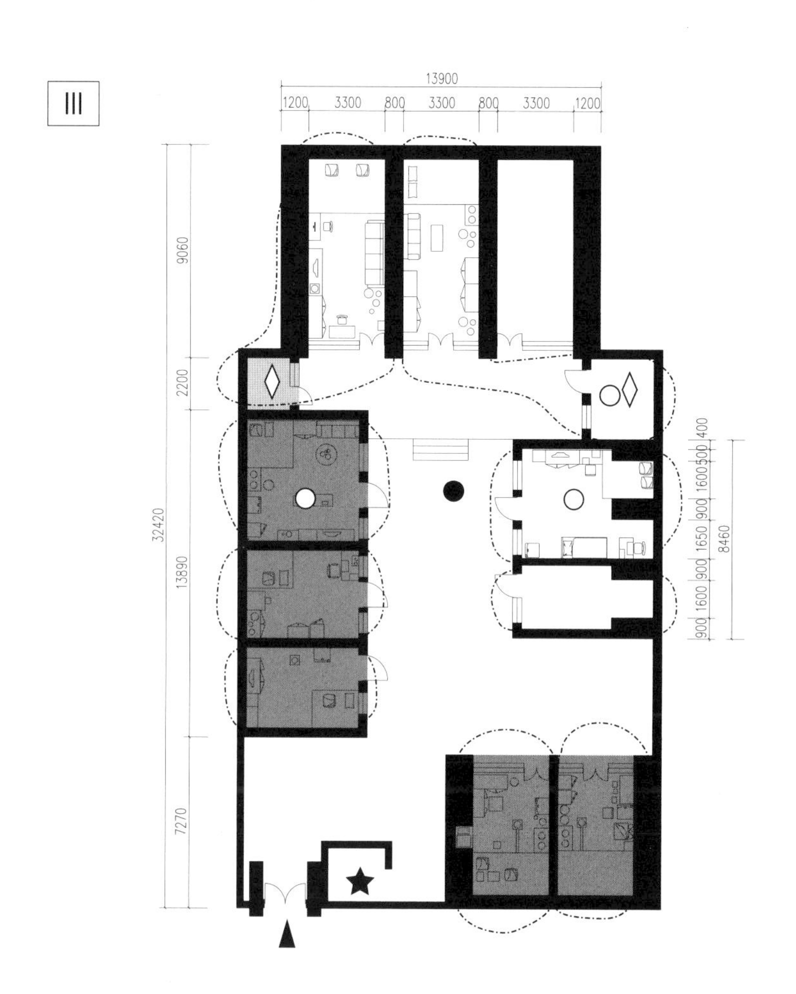
III
13900
1200
3300
800
3300
800
3300
1200
9060
2200
32420
13890
7270
400
500
1600
900
1650
900
1600
900
8460

院落平面图

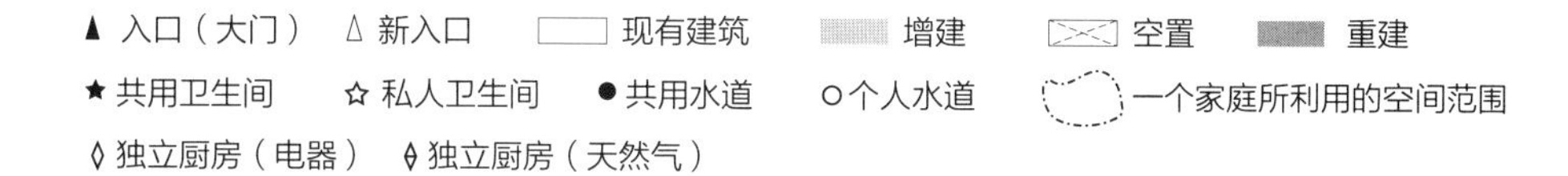
▲ 入口（大门）
△ 新入口
现有建筑
增建
空置
重建
★ 共用卫生间
☆ 私人卫生间
● 共用水道
○ 个人水道
一个家庭所利用的空间范围
◊ 独立厨房（电器）
独立厨房（天然气）

西大街 19 号信息表 表 5-17

<table>
<tr><th>院落编号</th><th>院落类型</th><th>建设年代</th><th>院落面积</th><th>居住面积</th><th colspan="2">居住家庭数</th></tr>
<tr><td>⑰ 西大街 19 号</td><td>二进四合院</td><td>清光绪</td><td>704m²</td><td>168m²</td><td>持有家庭 6</td><td>租赁家庭 0</td></tr>
<tr><td rowspan="3">空间使用模式</td><td>自来水道使用</td><td colspan="5">居室中均已引入上下水道，有独立水龙头</td></tr>
<tr><td>卫生间使用</td><td colspan="5">院落中有 1 个公共卫生间，2 个家庭共同使用，4 个家庭有独立的卫生间，使用冲水马桶</td></tr>
<tr><td>厨房使用</td><td colspan="5">6 个家庭拥有了独立的厨房空间，其中 5 个家庭使用天然气，
1 个家庭使用电器进行烹饪</td></tr>
<tr><td>增改建过程</td><td colspan="6">增建厨房 2 间
对砖木结构的房屋进行局部扩建，实现独立的厨房和卫生间</td></tr>
<tr><td colspan="2">区位图</td><td colspan="5">院落简述</td></tr>
<tr><td colspan="2"></td><td colspan="5">院落始建于清光绪年间，是典型的二进四合院布局，正窑为 3 孔独立式窑洞，上院东厢房为小窑 + 砖木型，其余建筑均为砖木结构的房屋。进入大门后东侧有用于储藏的小房间，通过转扇门进入上院。
该院落在新中国成立后作为邮电局家属院使用，现依然为单位所有，目前居住的 6 人均为员工，在心理认知和实际使用中均与持有家庭相同。通过增建和改建实现厨卫空间的提升</td></tr>
</table>

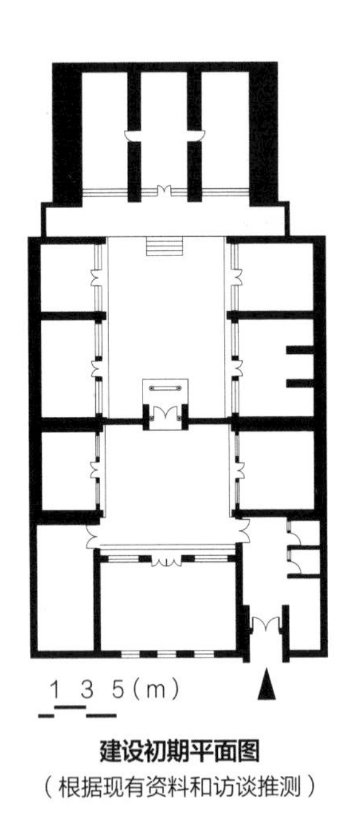

建设初期平面图
（根据现有资料和访谈推测）

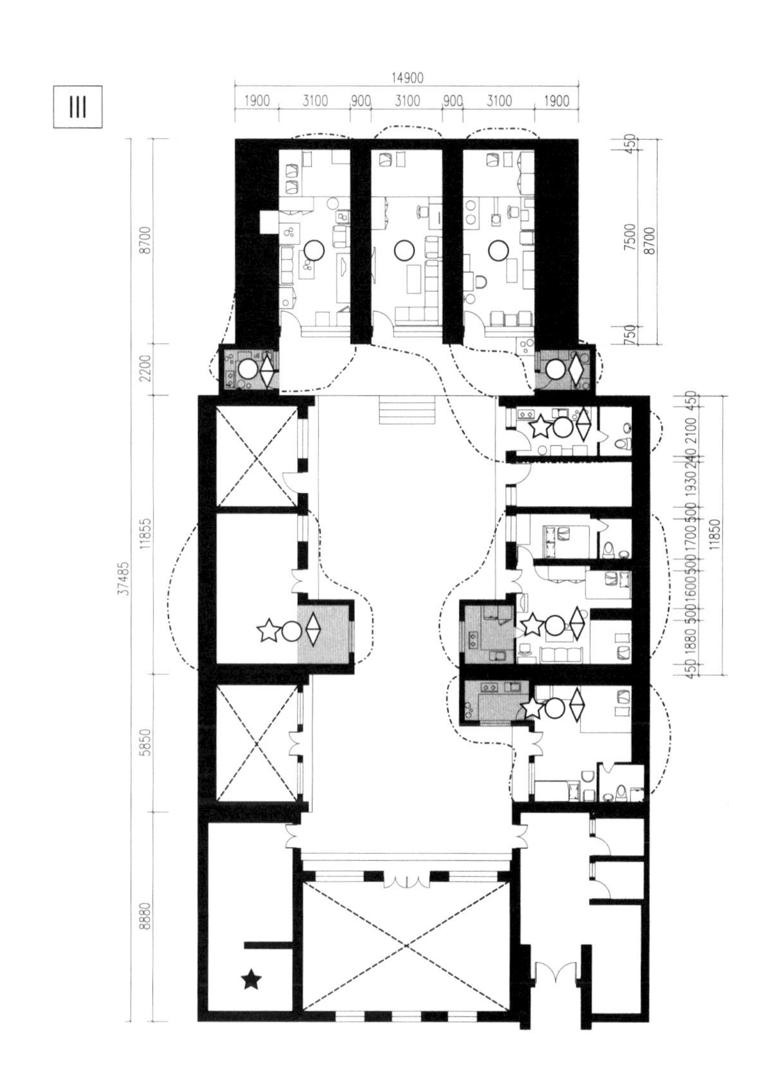

院落平面图

▲ 入口（大门） △ 新入口 现有建筑 增建 空置 重建
★ 共用卫生间 ☆私人卫生间 ● 共用水道 ○个人水道 一个家庭所利用的空间范围
◊ 独立厨房（电器） ◊ 独立厨房（天然气）

西大街 74 号信息表　　表 5–18

<table>
<tr><th>院落编号</th><th>院落类型</th><th>建设年代</th><th>院落面积</th><th>居住面积</th><th colspan="2">居住家庭数</th></tr>
<tr><td>⑱ 西大街 74 号</td><td>一进四合院</td><td>清同治</td><td>676m²</td><td>218m²</td><td>持有家庭 1</td><td>租赁家庭 7</td></tr>
<tr><td rowspan="3">空间使用模式</td><td>自来水道使用</td><td colspan="5">8 个家庭的居室中已经引入上下水道，有独立水龙头</td></tr>
<tr><td>卫生间使用</td><td colspan="5">院落中有 1 个公共卫生间，8 个家庭共同使用</td></tr>
<tr><td>厨房使用</td><td colspan="5">2 个家庭拥有独立的厨房空间，均使用天然气进行烹饪
其余 6 个家庭在居室内完成烹饪，夏季多使用电器，
冬季多使用与火炕相连的灶</td></tr>
<tr><td>增改建过程</td><td colspan="6">增建储藏室 1 间
在外院的空地增建居室 2 间，设置有独立的厨房空间</td></tr>
<tr><td colspan="2">区位图</td><td colspan="5">院落简述</td></tr>
<tr><td colspan="2"></td><td colspan="5">院落始建于清同治年间，是典型的一进四合院，正门门额书有“堂构维新”四字。正窑为三孔独立式窑洞，厢房及倒座厅房为砖木结构，院落西北角设有书院。
现产权由 1 个持有家庭所有，目前持有家庭和 7 个租赁家庭共同居住。倒座房旁边的建筑被重建为砖混结构的建筑，采用了更现代的平面布局，配备了独立的厨房空间，并引入了天然气</td></tr>
</table>

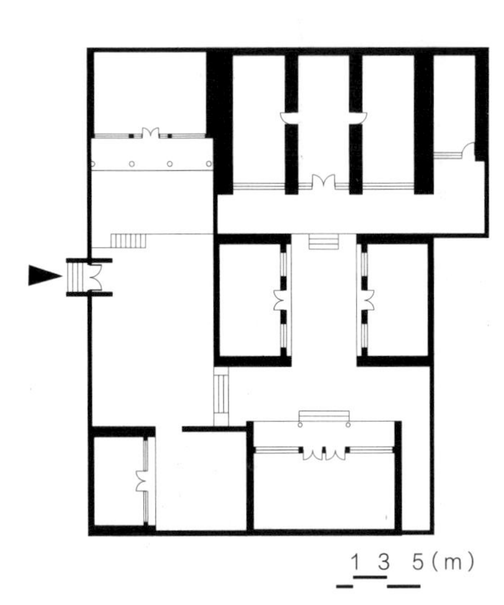

建设初期平面图
（根据现有资料和访谈推测）

II

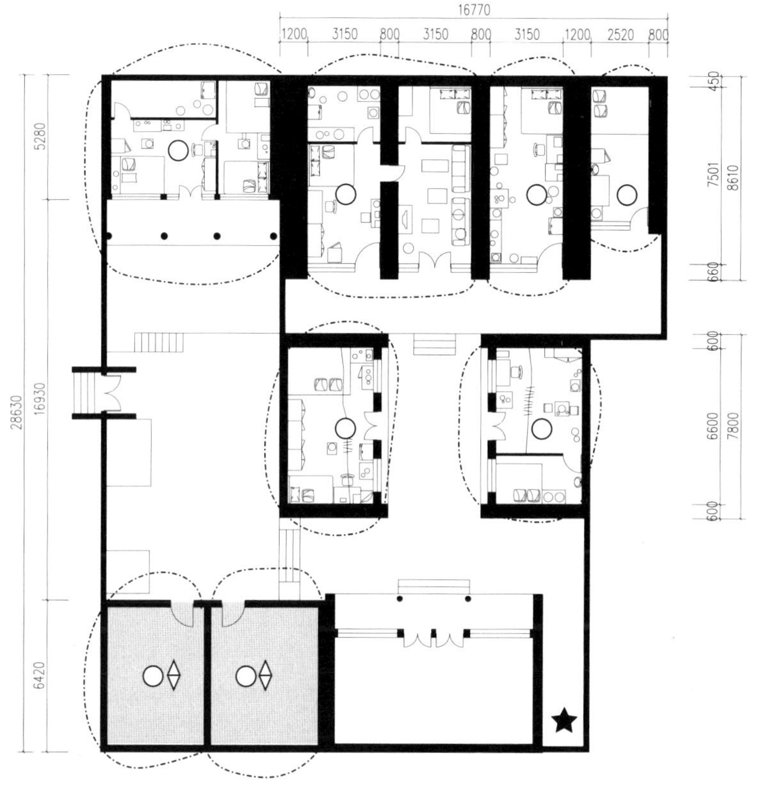

16770
1200 3150 800 3150 800 3150 1200 2520 800
5280 28630 16930 6420
450 7501 8610 660 600 6600 7800 600

院落平面图

▲ 入口（大门） △ 新入口 现有建筑 增建 空置 重建
★ 共用卫生间 ☆ 私人卫生间 ● 共用水道 ○个人水道 一个家庭所利用的空间范围
◊ 独立厨房（电器） ◊ 独立厨房（天然气）

北大街 34 号信息表 表 5-19

<table>
<tr><th>院落编号</th><th>院落类型</th><th>建设年代</th><th>院落面积</th><th>居住面积</th><th colspan="2">居住家庭数</th></tr>
<tr><td>⑲ 北大街 34 号</td><td>一进四合院</td><td>清末</td><td>545m²</td><td>149m²</td><td>持有家庭 2</td><td>租赁家庭 3</td></tr>
<tr><td rowspan="3">空间使用模式</td><td>自来水道使用</td><td colspan="5">5 个家庭的居室中已经引入上下水道，有独立水龙头</td></tr>
<tr><td>卫生间使用</td><td colspan="5">2 个家庭有独立的卫生间，使用冲水马桶
院落中有 1 个公共卫生间，其余 3 个家庭共同使用</td></tr>
<tr><td>厨房使用</td><td colspan="5">5 个家庭都有自己独立的厨房空间，其中 2 个家庭引入天然气，其余 3 个家庭使用电器进行烹饪</td></tr>
<tr><td>增改建过程</td><td colspan="6">增建储藏室 1 间
增建厨房 3 间，通过房屋内部空间改造获得独立厨房 2 间</td></tr>
<tr><td colspan="2">区位图</td><td colspan="5">院落简述</td></tr>
<tr><td colspan="2"></td><td colspan="5">该院落始建于清末时期，是明三暗二的一进四合院，除正窑外的其余建筑均为砖木结构。
现产权由多个家庭共同所有，目前 2 个持有家庭和 3 个租赁家庭共同居住。除倒座房目前已经年久失修无法继续使用外，其余房间都有人居住。
由于过度的增建和改建，中庭面积被大量缩减，虽然所有居民都有了独立厨房空间，部分居民有独立卫生间，生活品质得到一定程度提升，但院落空间散乱，四合院的空间秩序遭到破坏</td></tr>
</table>

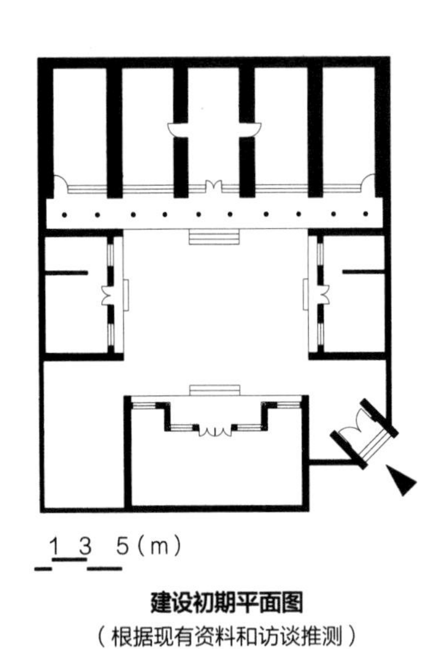

建设初期平面图
（根据现有资料和访谈推测）

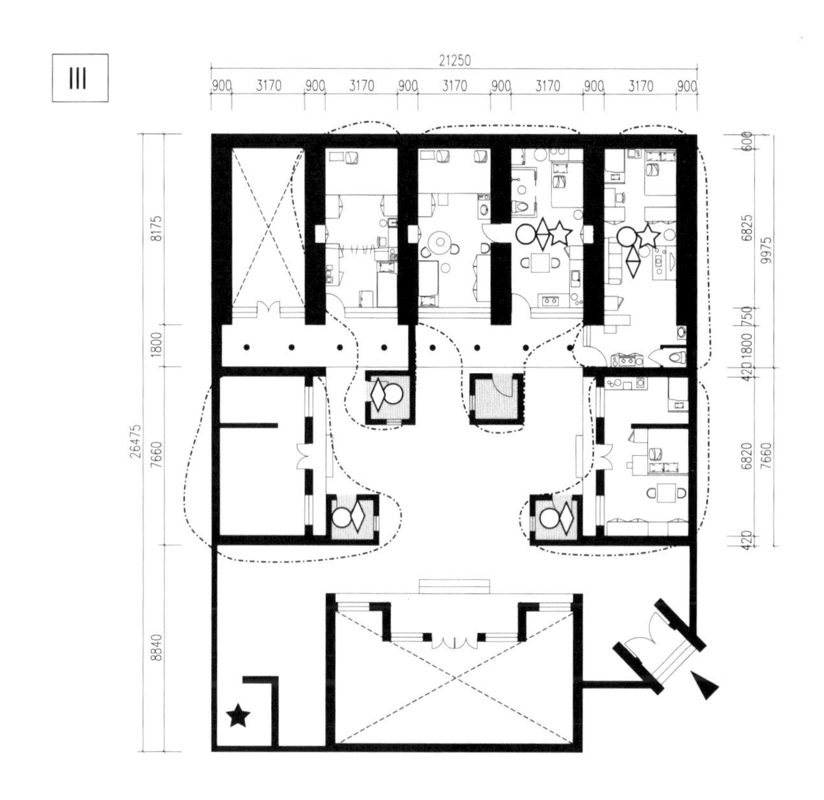

院落平面图

▲ 入口（大门） △ 新入口 ▭ 现有建筑 ▒ 增建 ⊠ 空置 ■ 重建

★ 共用卫生间 ☆ 私人卫生间 ● 共用水道 ○ 个人水道 ◌ 一个家庭所利用的空间范围

◊ 独立厨房（电器） ⧫ 独立厨房（天然气）

儒学巷 2 号信息表 表 5–20

<table>
<tr><th>院落编号</th><th>院落类型</th><th>建设年代</th><th>院落面积</th><th>居住面积</th><th colspan="2">居住家庭数</th></tr>
<tr><td>⑳ 儒学巷 2 号</td><td>二进四合院</td><td>清末</td><td>1184m²</td><td>388m²</td><td>持有家庭 5</td><td>租赁家庭 9</td></tr>
<tr><td rowspan="3">空间使用模式</td><td>自来水道使用</td><td colspan="5">10 个家庭的居室中已经引入上下水道，有独立水龙头
院落有 1 个公共水龙头，4 个家庭使用</td></tr>
<tr><td>卫生间使用</td><td colspan="5">4 个家庭有独立的卫生间，使用冲水马桶
院落中有 1 个公共卫生间，其余 10 个家庭共同使用</td></tr>
<tr><td>厨房使用</td><td colspan="5">4 个家庭拥有独立的厨房空间，其中 3 个家庭引入天然 气，1 个家庭使用电器进行烹饪。
其余 10 个家庭在居室内完成烹饪，夏季多使用电器，
冬季多使用与火炕相连的灶</td></tr>
<tr><td>增改建过程</td><td colspan="6">增建储藏室 4 间，厨房 1 间
原砖木结构的厢房被重建为一层窑洞二层砖混房屋的建筑</td></tr>
</table>

区位图	院落简述
	院落始建于清末，是杜氏家族四合院代表，也是米脂著名商业店铺“昌顺和”杜思浦居住地。除下院中的东西厢房外，院落内其余建筑均采用了独立式窑洞。其中正窑为一列五孔，东西两侧还设置了用于储藏的小窑。 现产权由多个家庭共同所有，5 个持有家庭和 9 个租赁家庭共同居住。上院中庭中有多处增建，下院东厢房被改建，但院落整体空间布局得以保留

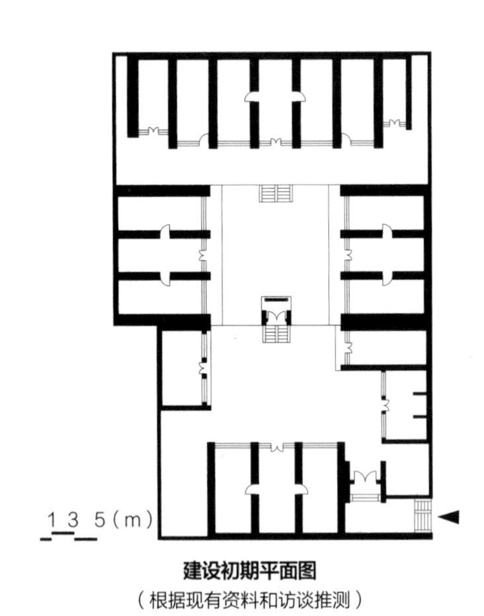

建设初期平面图
（根据现有资料和访谈推测）

Ⅲ

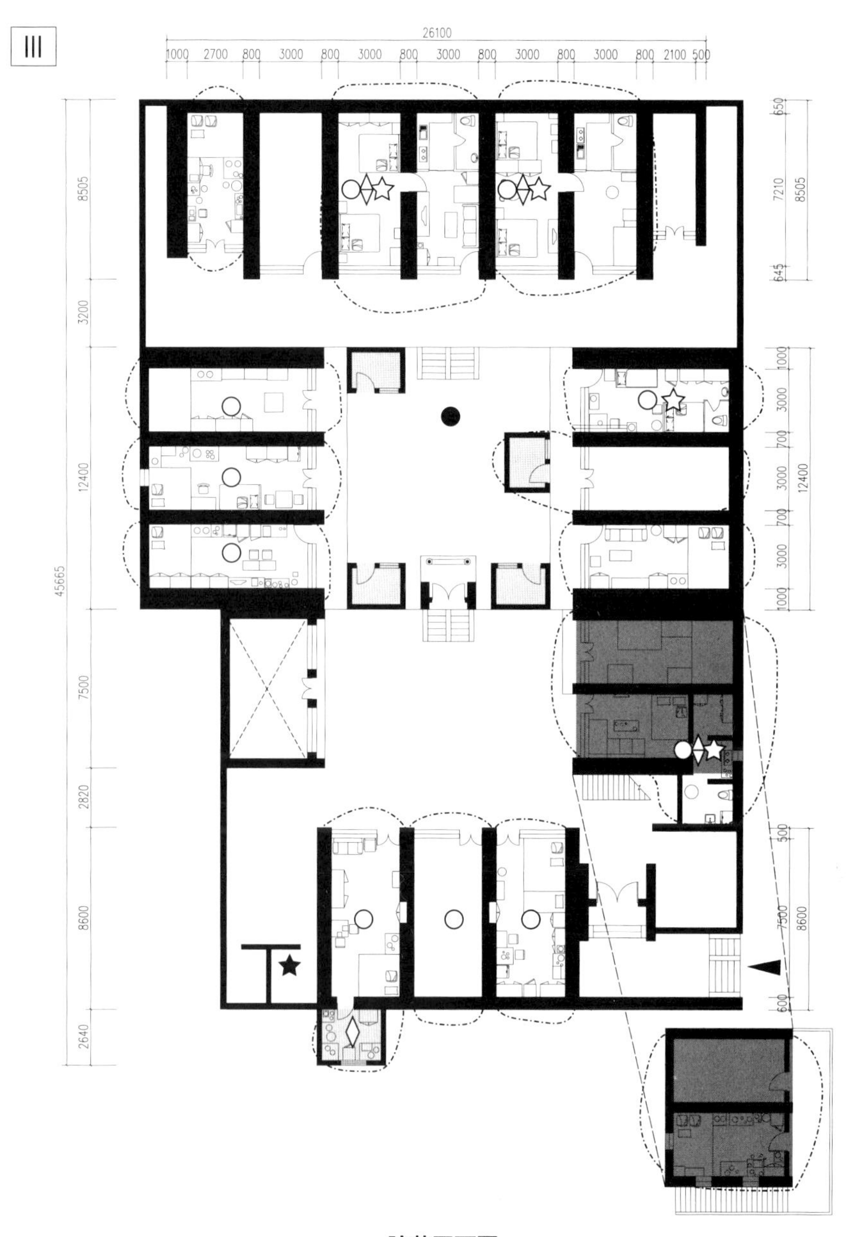

院落平面图

▲ 入口（大门） △ 新入口 现有建筑 增建 空置 重建

★ 共用卫生间 ☆ 私人卫生间 ● 共用水道 ○ 个人水道 一个家庭所利用的空间范围

◊ 独立厨房（电器） ◊ 独立厨房（天然气）

儒学巷 19 号信息表 表 5–21

<table>
<tr><th>院落编号</th><th>院落类型</th><th>建设年代</th><th>院落面积</th><th>居住面积</th><th colspan="2">居住家庭数</th></tr>
<tr><td>㉑ 儒学巷 19 号</td><td>一进四合院</td><td>清末</td><td>736m²</td><td>201m²</td><td>持有家庭 3</td><td>租赁家庭 2</td></tr>
<tr><td rowspan="3">空间使用模式</td><td>自来水道使用</td><td colspan="5">5 个家庭的居室中已经引入上下水道，有独立水龙头</td></tr>
<tr><td>卫生间使用</td><td colspan="5">院落中有 1 个公共卫生间，5 个家庭共同使用</td></tr>
<tr><td>厨房使用</td><td colspan="5">5 个家庭在居室内完成烹饪，夏季多使用电器，
冬季多使用与火炕相连的灶</td></tr>
<tr><td>增改建过程</td><td colspan="6">增建储藏室 1 间
倒座房已经废弃被拆除
院落增建了铁艺栏杆，使中庭空间进一步分割</td></tr>
<tr><td colspan="2">区位图</td><td colspan="5">院落简述</td></tr>
<tr><td colspan="2">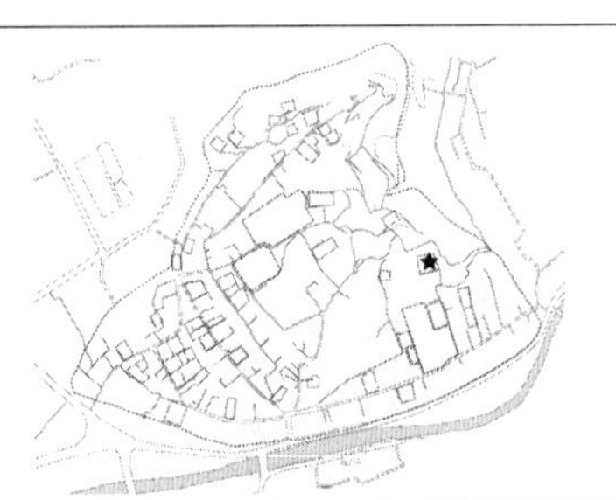</td><td colspan="5">院落始建于清末，为一进四合院，主窑和两侧厢窑均为独立式窑洞，倒座和入口的辅助用房为砖木结构。主窑背靠山体，最东侧的一孔窑后侧开门与后侧的靠山式窑洞相连。
现产权由多个家庭共同所有，3 个持有家庭与 2 个租赁家庭共同居住。部分居民在院内设置了铁艺栏杆，提升安全性的同时，将原本共用的中庭空间的一部分划分为私用的室外空间</td></tr>
</table>

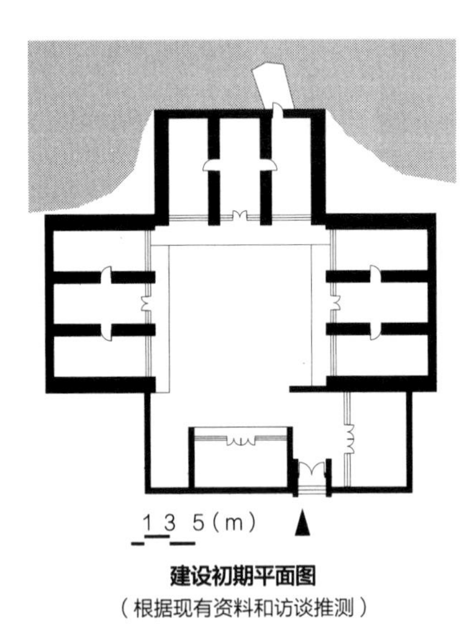

建设初期平面图
（根据现有资料和访谈推测）

Ⅲ

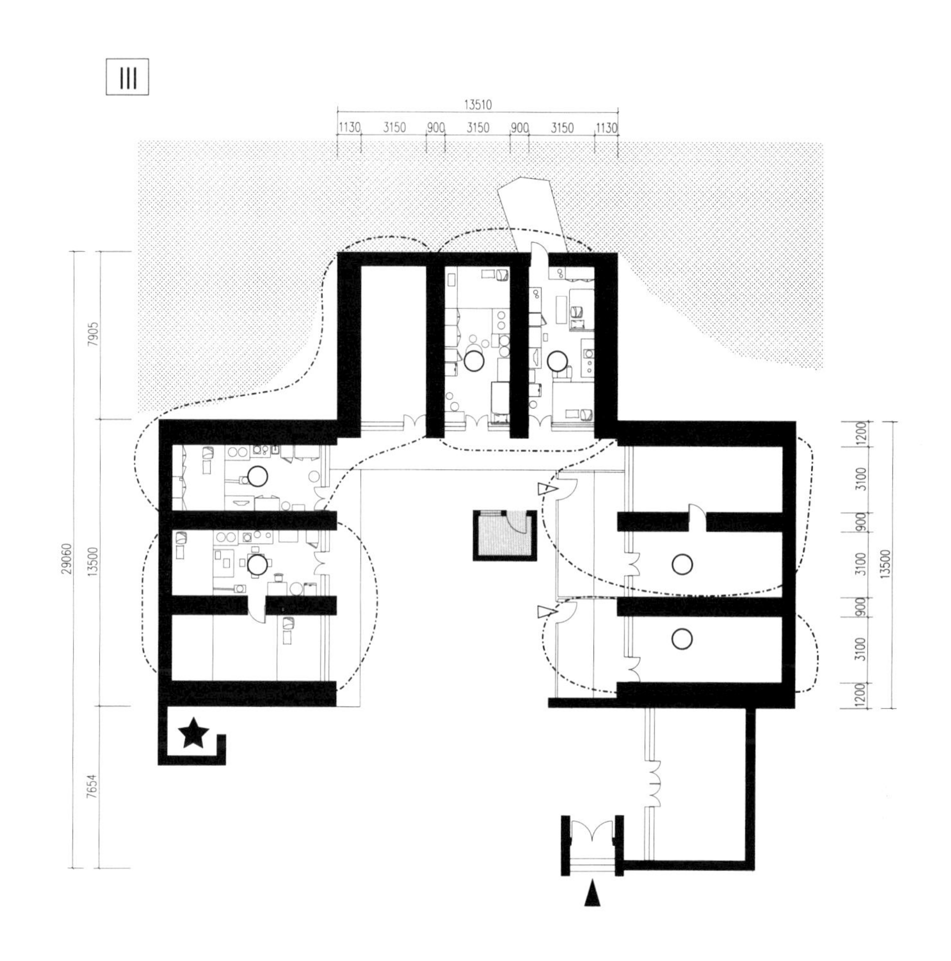
13510
1130
3150
900
3150
900
3150
1130
7905
29060
13500
7654
1200
3100
900
3100
900
3100
1200
13500

院落平面图

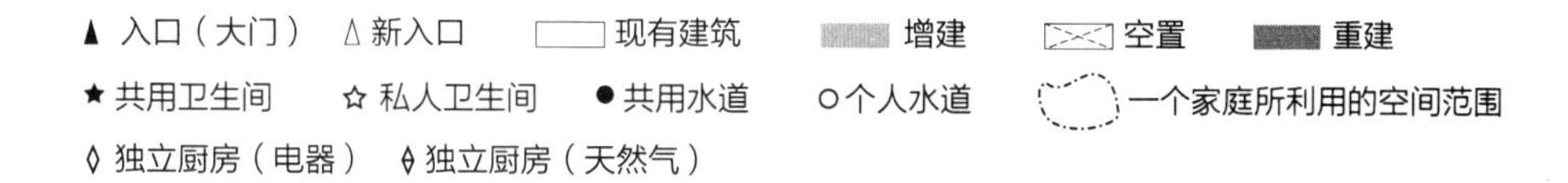
▲ 入口（大门）
△ 新入口
现有建筑
增建
空置
重建
★ 共用卫生间
☆ 私人卫生间
● 共用水道
○ 个人水道
一个家庭所利用的空间范围
◊ 独立厨房（电器）
独立厨房（天然气）

马号圪台 9 号信息表 表 5-22

院落编号	院落类型	建设年代	院落面积	居住面积	居住家庭数	
㉒ 马号圪台 9 号	二进四合院	清末	1052m²	298m²	持有家庭 2	租赁家庭 9
空间使用模式	自来水道使用	11 个家庭的居室中已经引入上下水道，有独立水龙头				
	卫生间使用	2 个家庭有独立的卫生间，使用冲水马桶 院落中有 1 个公共卫生间，其余 9 个家庭共同使用				
	厨房使用	3 个家庭拥有独立的厨房空间，其中 2 个家庭使用天然气， 1 个家庭使用电器进行烹饪。 其余 8 个家庭在居室内完成烹饪，夏季多使用电器， 冬季多使用与火炕相连的灶				
增改建过程	增建储藏室 1 间，居室 1 间 通过对居室空间的重新分割，拥有了独立的厨卫空间 在院落中通过增建矮墙和小门，对院落进行进一步的分割					
区位图	院落简述					
	院落始建于清末，被称为杜家大院，典型的二进四合院。上院由一列五孔的正窑和一列三孔的厢窑构成。下院中倒座采用了独立式窑洞，左右厢房为小窑 + 砖木型建筑。属于米脂窑洞古城中建筑形制比较高的四合院。 现产权由多个家庭共同所有，2 个持有家庭和 9 个租赁家庭共同居住。除了少量的增建，户主在上院中庭砌筑矮墙，使院落结构进一步分割					

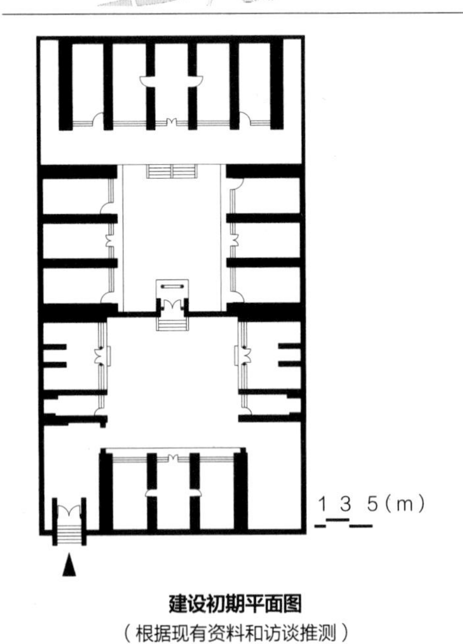

建设初期平面图
（根据现有资料和访谈推测）

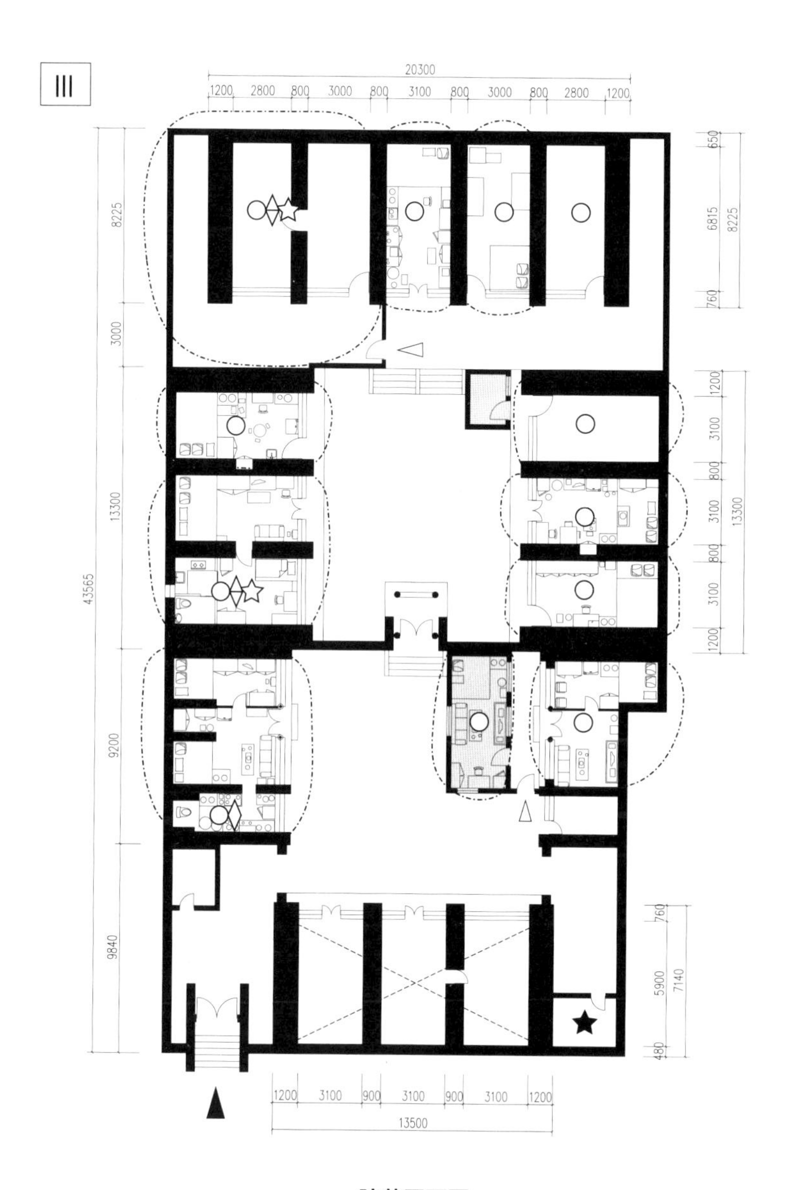
III
20300
1200
2800
800
3000
800
3100
800
3000
800
2800
1200
8225
3000
13300
43565
9200
9840
650
6815
8225
760
1200
3100
800
3100
13300
800
3100
1200
760
5900
7140
480
1200
3100
900
3100
900
3100
1200
13500

院落平面图

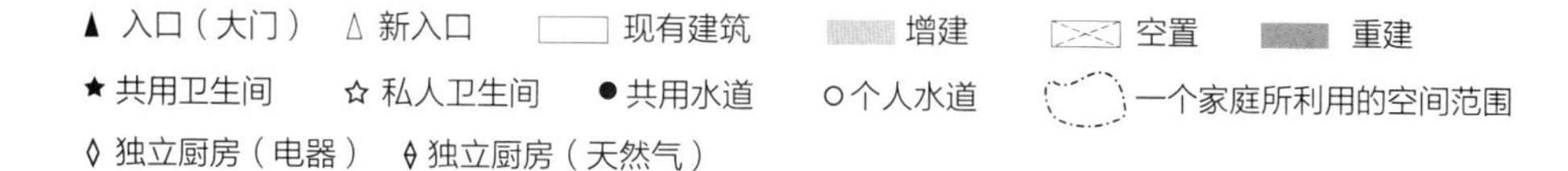
▲ 入口（大门）
△ 新入口
现有建筑
增建
空置
重建
★ 共用卫生间
☆ 私人卫生间
● 共用水道
○ 个人水道
一个家庭所利用的空间范围
◊ 独立厨房（电器）
独立厨房（天然气）

华严寺巷 13 号信息表　　　　表 5-23

院落编号	院落类型	建设年代	院落面积	居住面积	居住家庭数	
㉓ 华严寺巷 13 号	一进四合院	清末	660m^2	272m^2	持有家庭 2	租赁家庭 5
空间使用模式	自来水道使用	7 个家庭的居室中已经引入上下水道，有独立水龙头				
	卫生间使用	院落中有 1 个公共卫生间，7 个家庭共同使用				
	厨房使用	2 个家庭拥有了独立的厨房空间，均使用天然气 其余 4 个家庭在居室内完成烹饪，夏季多使用电器， 冬季多使用与火炕相连的灶				
增改建过程	倒座由砖木结构重建为砖混结构的房屋					
区位图		院落简述				
		院落始建于清末，是由正窑五孔、厢房三间、倒座房五间、大门组成的一进四合院。正窑使用青砖砌筑窑脸，不仅美观还提升了建筑的耐久性。 现产权由多个家庭共同所有，2 个持有家庭和 5 个租赁家庭共同居住。倒座房被重建为砖混建筑，设置有独立式厨房空间。虽然经过部分改修，但是院落整体布局和面貌未发生大的变化，是米脂窑洞古城中保留较为完整的院落之一				

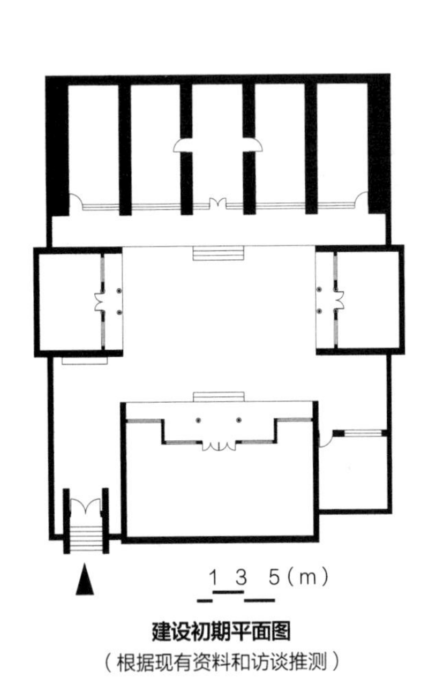

建设初期平面图
（根据现有资料和访谈推测）

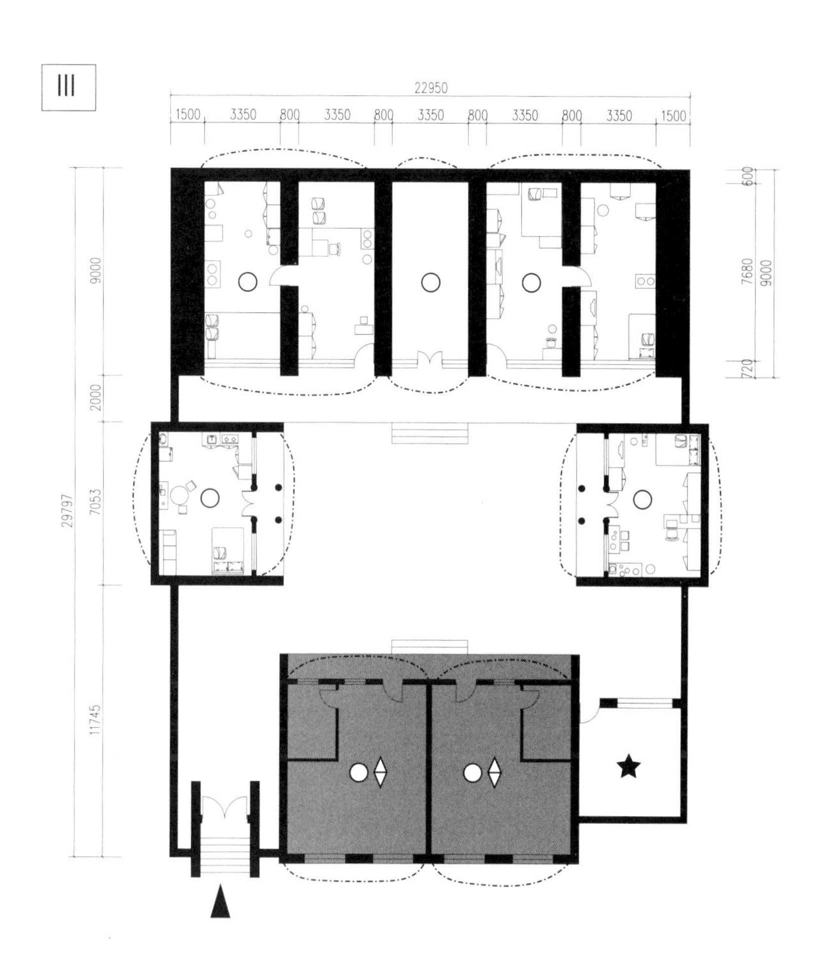

院落平面图

▲ 入口（大门） △ 新入口 现有建筑 增建 空置 重建

★ 共用卫生间 ☆ 私人卫生间 ● 共用水道 ○ 个人水道 一个家庭所利用的空间范围

◊ 独立厨房（电器） ◊ 独立厨房（天然气）

石坡7号信息表　　表5–24

<table>
<tr><th>院落编号</th><th>院落类型</th><th>建设年代</th><th>院落面积</th><th>居住面积</th><th colspan="2">居住家庭数</th></tr>
<tr><td>㉔ 石坡7号</td><td>一进四合院</td><td>清末</td><td>485m²</td><td>317m²</td><td>持有家庭2</td><td>租赁家庭4</td></tr>
<tr><td rowspan="3">空间使用模式</td><td>自来水道使用</td><td colspan="5">6个家庭的居室中已经引入上下水道，有独立水龙头</td></tr>
<tr><td>卫生间使用</td><td colspan="5">2个家庭有独立的卫生间，使用冲水马桶
院落中有1个公共卫生间，其余4个家庭共同使用</td></tr>
<tr><td>厨房使用</td><td colspan="5">3个家庭有独立的厨房空间，其中2个家庭使用天然气
而1个家庭使用电器进行烹饪。
其余4个家庭在居室内完成烹饪，夏季多使用电器，
冬季多使用与火炕相连的灶</td></tr>
<tr><td>增改建过程</td><td colspan="6">原本砖木结构的厢房和倒座全部被拆除重建为砖混结构的房屋，
院落入口位置也因改建而改变</td></tr>
<tr><td colspan="2">区位图</td><td colspan="5">院落简述</td></tr>
<tr><td colspan="2"></td><td colspan="5">院落始建于清末，是典型的一进四合院，除正窑外的其余建筑均为砖木结构的房屋。入口大门处写有牌匾“视履考详”。
现产权由1个家族所有，目前所有砖木结构的房屋都被拆除重建为砖混结构。其中持有家庭居住于2层楼房内。由于院落仅保留了正窑，使四合院失去了院落结构的完整性，固有的空间秩序也不复存在</td></tr>
</table>

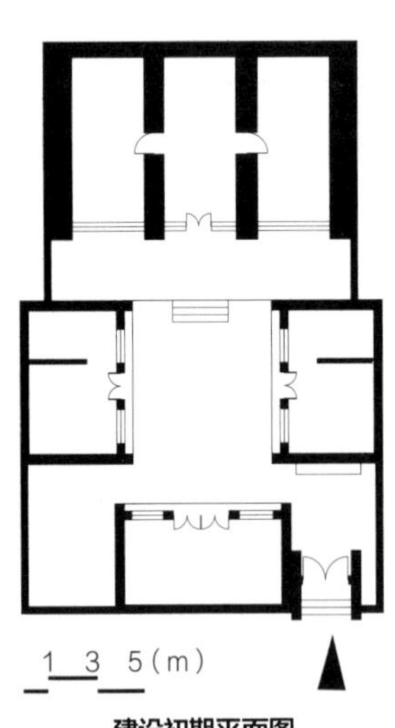

建设初期平面图
（根据现有资料和访谈推测）

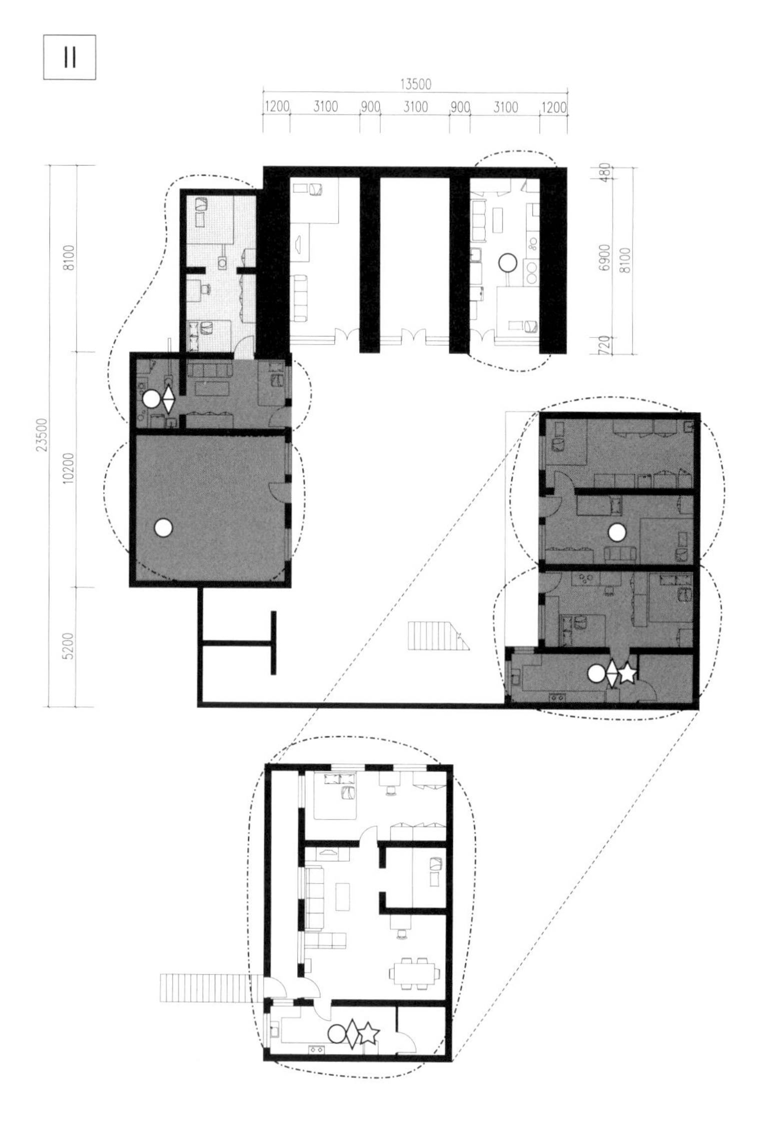

院落平面图

▲ 入口（大门）　△ 新入口　▭ 现有建筑　增建　空置　重建

★ 共用卫生间　☆ 私人卫生间　● 共用水道　○ 个人水道　一个家庭所利用的空间范围

◊ 独立厨房（电器）　独立厨房（天然气）

北大街 38/40 号信息表 表 5-25

<table>
<tr><th>院落编号</th><th>院落类型</th><th>建设年代</th><th>院落面积</th><th>居住面积</th><th colspan="2">居住家庭数</th></tr>
<tr><td>㉕ 北大街 38，40 号</td><td>二进二跨四合院</td><td>清末</td><td>995m²</td><td>406m²</td><td>持有家庭 3</td><td>租赁家庭 11</td></tr>
<tr><td rowspan="3">空间使用模式</td><td>自来水道使用</td><td colspan="5">8 个家庭的居室中已经引入上下水道，有独立水龙头
院落有 1 个公共水龙头，6 个家庭共同使用</td></tr>
<tr><td>卫生间使用</td><td colspan="5">2 个家庭有独立的卫生间，使用冲水马桶
院落中有 1 个公共卫生间，其余 12 个家庭共同使用</td></tr>
<tr><td>厨房使用</td><td colspan="5">2 个家庭拥有独立的厨房，使用天然气进行烹饪
其余 4 个家庭在居室内完成烹饪，夏季多使用电器，
冬季多使用与火炕相连的灶</td></tr>
<tr><td>增改建过程</td><td colspan="6">增建厨房 1 间、窑洞 1 孔
原砖木结构的厢房被重建为砖混结构的房屋
经过户主变更，原有的组合院落被分割为 3 个新的独立院落</td></tr>
<tr><td colspan="2">区位图</td><td colspan="5">院落简述</td></tr>
<tr><td colspan="2"></td><td colspan="5">院落始建于清末，是典型的商人住宅，为二进二跨的组合四合院。北侧分东院和西院，共用五孔的正窑，厢房和对外的商铺均为砖木结构的房屋。经过转扇门可以进入南院，正窑和倒座窑为三孔窑洞，厢房为砖木结构。
现产权由多个家庭共同所有，由于增建和改建使四合院失去了原有的院落结构，目前基本作为三个独立院落来使用</td></tr>
</table>

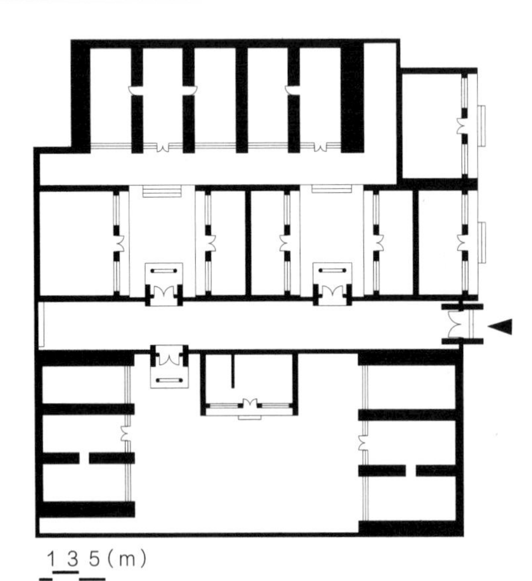

建设初期平面图
（根据现有资料和访谈推测）

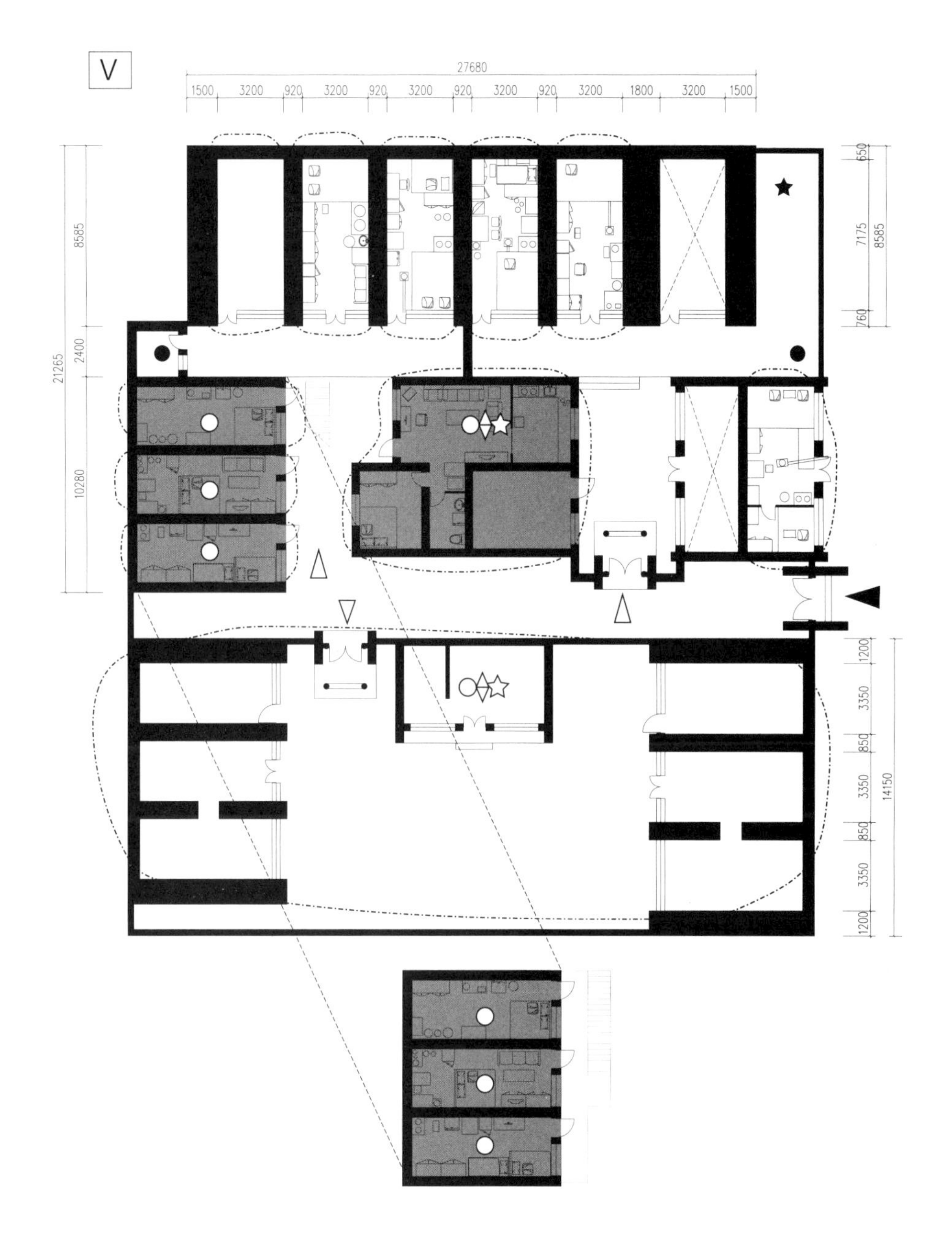

院落平面图

▲ 入口（大门） △ 新入口 现有建筑 增建 空置 重建

★ 共用卫生间 ☆ 私人卫生间 ● 共用水道 ○ 个人水道 一个家庭所利用的空间范围

◊ 独立厨房（电器） 独立厨房（天然气）

西大街 55 号信息表 **表 5–26**

<table>
<tr><th>院落编号</th><th>院落类型</th><th>建设年代</th><th>院落面积</th><th>居住面积</th><th colspan="2">居住家庭数</th></tr>
<tr><td>㉖ 西大街 55 号</td><td>一进四合院</td><td>民国时期</td><td>441m^2</td><td>157m^2</td><td>持有家庭 2</td><td>租赁家庭 3</td></tr>
<tr><td rowspan="3">空间使用模式</td><td>自来水道使用</td><td colspan="5">4 个家庭的居室中已经引入上下水道，有独立水龙头
院落有 1 个公共水龙头，1 个家庭使用</td></tr>
<tr><td>卫生间使用</td><td colspan="5">1 个家庭有独立的卫生间，使用冲水马桶
院落中有 1 个公共卫生间，其余 4 个家庭共同使用</td></tr>
<tr><td>厨房使用</td><td colspan="5">3 个家庭有独立厨房，均使用天然气进行烹饪。
其余 2 个家庭在居室内完成烹饪，夏季多使用电器，
冬季多使用与火炕相连的灶</td></tr>
<tr><td>增改建过程</td><td colspan="6">增建厨房 2 间
原砖木结构的倒座和厢房被重建为砖混结构的房屋，作为诊所使用
通过重建，原有的院落被分割为 2 个，传统四合院的格局遭到破坏</td></tr>
<tr><td colspan="2">区位图</td><td colspan="5">院落简述</td></tr>
<tr><td colspan="2"></td><td colspan="5">院落始建于民国时期，是典型的一进四合院，正窑为五孔独立式窑洞，其余建筑均为砖木结构的房屋。
现产权由多个家庭共同所有，2 个持有家庭和 3 个租赁家庭共同居住。倒座房被重建为砖混结构房屋且入口方向进行了调整，加上持有家庭在上院中庭砌筑矮墙，使院落结构进一步分割，四合院的整体结构被消解。虽然通过对立面的翻新和房屋的重建使居民的居住品质得到提升，但传统风貌也随之遭到破坏</td></tr>
</table>

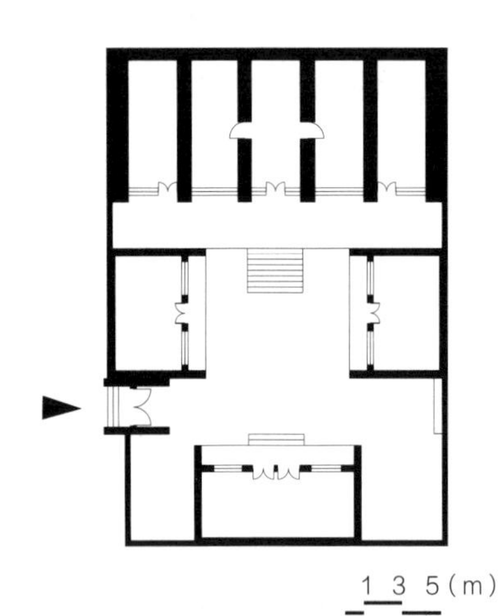

建设初期平面图
（根据现有资料和访谈推测）

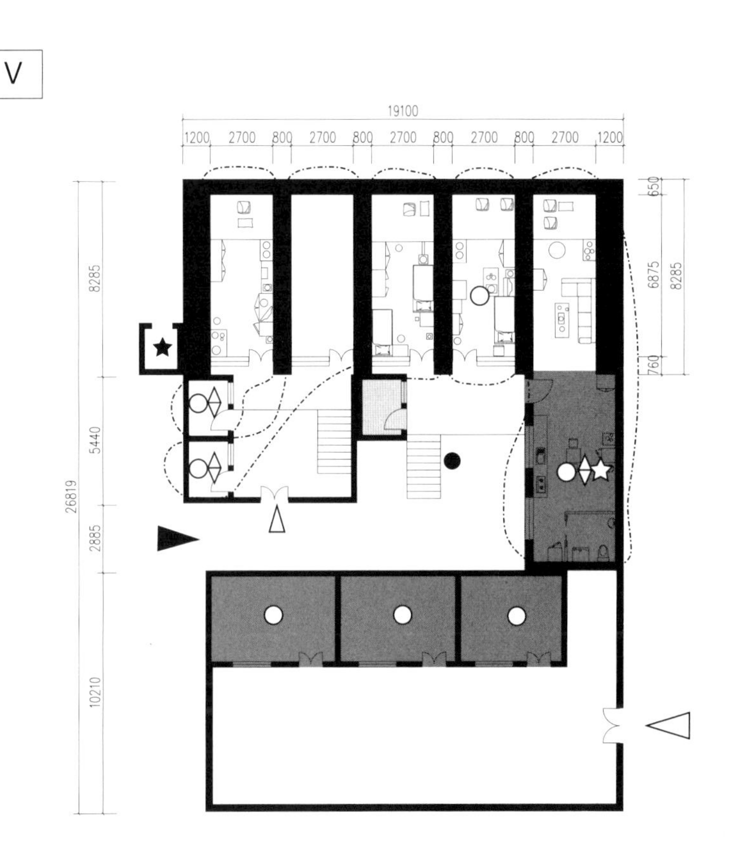
V
19100
1200 2700 800 2700 800 2700 800 2700 800 2700 1200
8285
5440
2885
10210
26819
650
6875
8285
760

院落平面图

▲ 入口（大门）
△ 新入口
现有建筑
增建
空置
重建
★ 共用卫生间
☆ 私人卫生间
● 共用水道
○ 个人水道
一个家庭所利用的空间范围
◊ 独立厨房（电器）
独立厨房（天然气）

市口巷 19 号信息表　　表 5–27

<table>
<tr><th>院落编号</th><th>院落类型</th><th>建设年代</th><th>院落面积</th><th>居住面积</th><th colspan="2">居住家庭数</th></tr>
<tr><td>㉗市口巷 19 号</td><td>一进四合院</td><td>民国时期</td><td>327m^2</td><td>54m^2</td><td>持有家庭 0</td><td>租赁家庭 3</td></tr>
<tr><td rowspan="3">空间使用模式</td><td>自来水道使用</td><td colspan="5">院落有 1 个公共水龙头，3 个家庭共同使用</td></tr>
<tr><td>卫生间使用</td><td colspan="5">院落有 1 个公共卫生间，3 个家庭共同使用</td></tr>
<tr><td>厨房使用</td><td colspan="5">3 个家庭在居室内完成烹饪，夏季多使用电器，
冬季多使用与火炕相连的灶</td></tr>
<tr><td>增改建过程</td><td colspan="6">砖木结构的厢房和倒座已经年久失修，无法使用</td></tr>
<tr><td colspan="2">区位图</td><td colspan="5">院落简述</td></tr>
<tr><td colspan="2"></td><td colspan="5">院落始建于民国时期，是典型的一进四合院。正窑为三孔独立式窑洞，厢房和倒座为砖木结构的房屋。
现产权由多个家庭共同所有，目前院内没有持有家庭居住，仅有 3 个租赁家庭居住，共同使用中庭内的水龙头、卫生间等设施。院落没有经过大规模的修整，原有的厢房和倒座因为年久失修已经无法正常使用，建筑的损毁和拆除导致原有四合院的空间秩序遭到破坏</td></tr>
</table>

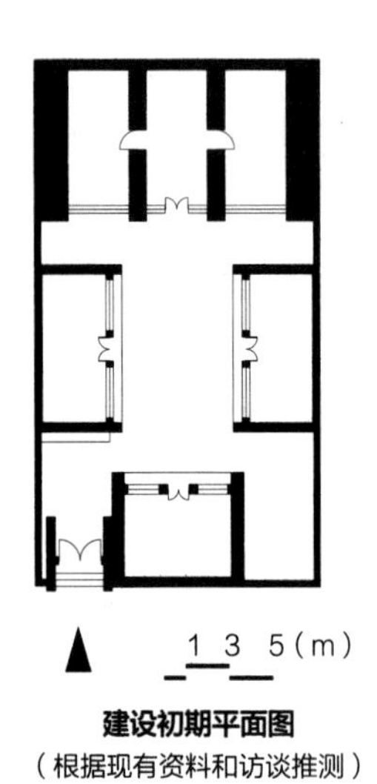

建设初期平面图
（根据现有资料和访谈推测）

Ⅳ

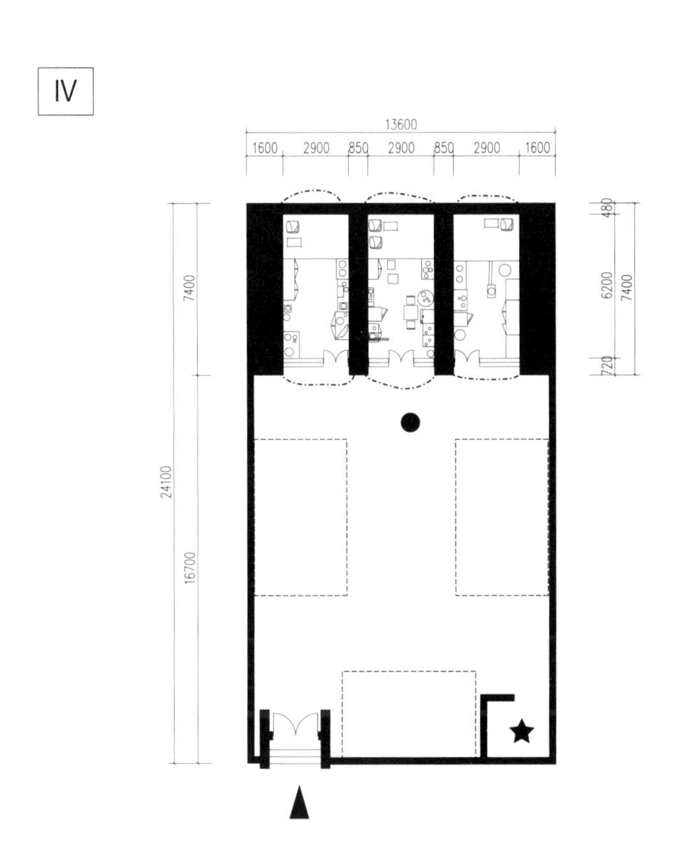

院落平面图

▲ 入口（大门） △ 新入口 ▭ 现有建筑 增建 空置 重建

★ 共用卫生间 ☆ 私人卫生间 ● 共用水道 ○ 个人水道 一个家庭所利用的空间范围

◊ 独立厨房（电器） 独立厨房（天然气）

市口巷 20 号信息表 表 5–28

<table>
<tr><th>院落编号</th><th>院落类型</th><th>建设年代</th><th>院落面积</th><th>居住面积</th><th colspan="2">居住家庭数</th></tr>
<tr><td>㉘市口巷 20 号</td><td>一进四合院</td><td>1920 年左右</td><td>697m²</td><td>344m²</td><td>持有家庭 2</td><td>租赁家庭 12</td></tr>
<tr><td rowspan="3">空间使用模式</td><td>自来水道使用</td><td colspan="5">院落有 1 个公共水龙头，14 个家庭共同使用</td></tr>
<tr><td>卫生间使用</td><td colspan="5">院落有 1 个公共卫生间，14 个家庭共同使用</td></tr>
<tr><td>厨房使用</td><td colspan="5">2 个家庭有独立的厨房，均使用天然气进行烹饪。
其余 12 个家庭在居室内完成烹饪，夏季多使用电器，
冬季多使用与火炕相连的灶</td></tr>
<tr><td>增改建过程</td><td colspan="6">在一层窑洞的基础上增建二层的薄壳
原砖木结构的厢房被重建为砖混结构的房屋</td></tr>
<tr><td colspan="2">区位图</td><td colspan="5">院落简述</td></tr>
<tr><td colspan="2"></td><td colspan="5">院落始建于 1920 年左右，是由正窑、厢房和大门组成的一进四合院，被称为“高旅长大院”，大门和围墙颇具特色。新中国成立前先后为中共米脂县委和米脂县水利队驻地；1958 年为米脂县广播站驻地，在正窑上加盖了薄壳；2003 年房改时分给广播局职工。
现产权由多个家庭共同所有，目前 2 个持有家庭和 12 个租赁家庭共同居住。除了正窑的加建，东厢房从砖木结构改建为砖混结构的房屋</td></tr>
</table>

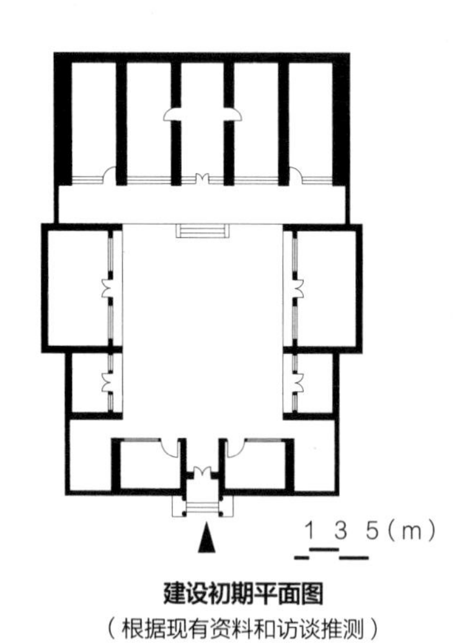

建设初期平面图

（根据现有资料和访谈推测）

III

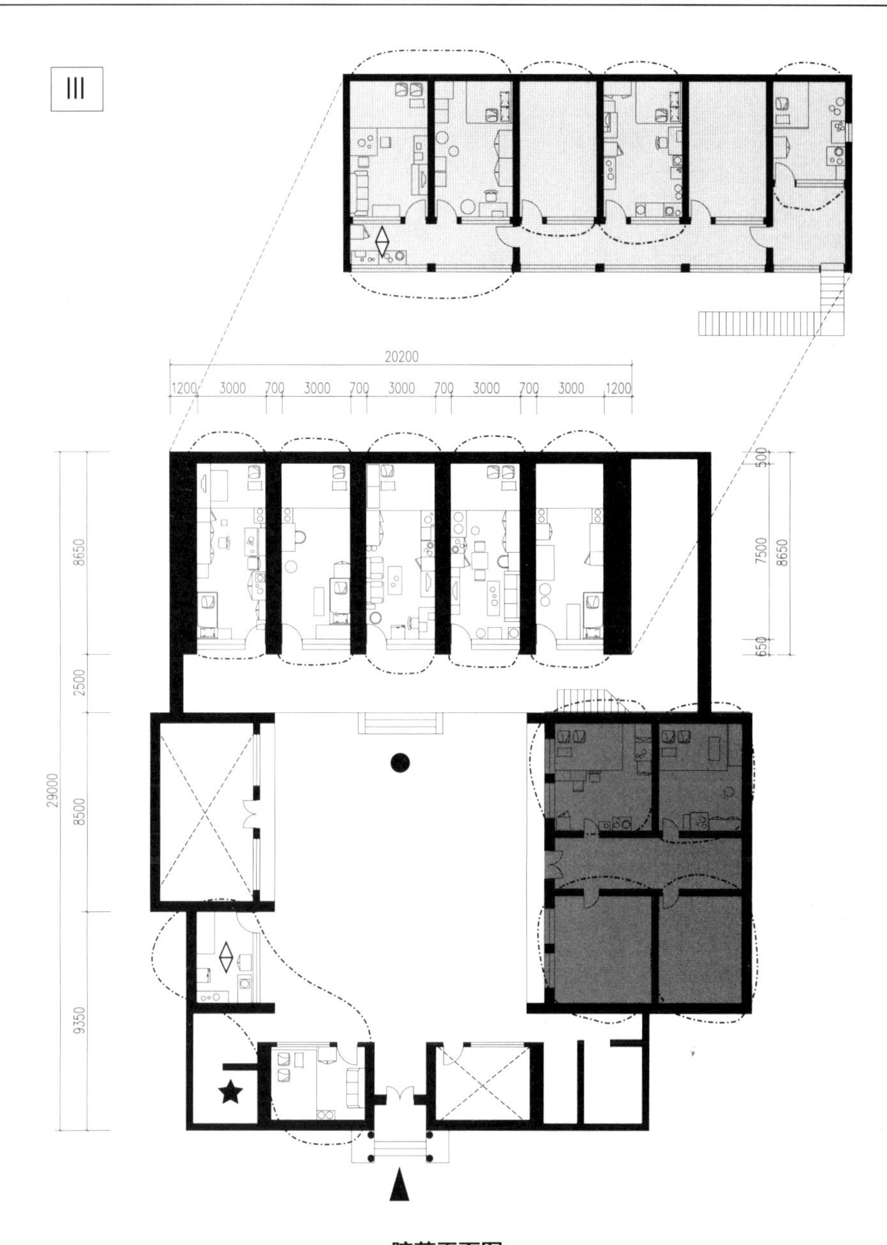

院落平面图

▲ 入口（大门） △ 新入口 现有建筑 增建 空置 重建
★ 共用卫生间 ☆私人卫生间 ●共用水道 ○个人水道 一个家庭所利用的空间范围
◊ 独立厨房（电器） ◊独立厨房（天然气）

北大街 41 号信息表 表 5-29

院落编号	院落类型	建设年代	院落面积	居住面积	居住家庭数	
㉙北大街 41 号	一进四合院	1920 年左右	438m^2	201m^2	持有家庭 2	租赁家庭 4
空间使用模式	自来水道使用	6 个家庭的居室中已经引入上下水道，有独立水龙头				
	卫生间使用	2 个家庭有独立的卫生间，使用冲水马桶 院落中有 1 个公共卫生间，其余 4 个家庭共同使用				
	厨房使用	2 个家庭有独立厨房，均使用电器进行烹饪。 其余 4 个家庭在居室内完成烹饪，夏季多使用电器， 冬季多使用与火炕相连的灶				
增改建过程	原砖木结构的西厢房被重建为砖混结构的房屋 倒座进行了局部的扩建，扩大空间的同时实现了独立的厨卫空间					
区位图			院落简述			
			院落始建于 1920 年左右，是由三孔独立式窑洞的正窑、砖木结构的厢房及倒座、大门组成的一进四合院。 现产权由多个家庭共同所有，目前 2 个持有家庭和 4 个租赁家庭共同居住。通过对原有建筑的重建和扩建，居民实现了独立的厨卫空间，一定程度上提升了现有居住品质，但也破坏了四合院的传统风貌			

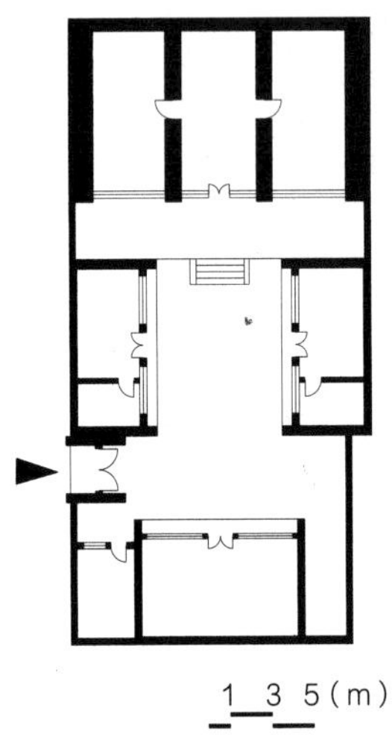

建设初期平面图
（根据现有资料和访谈推测）

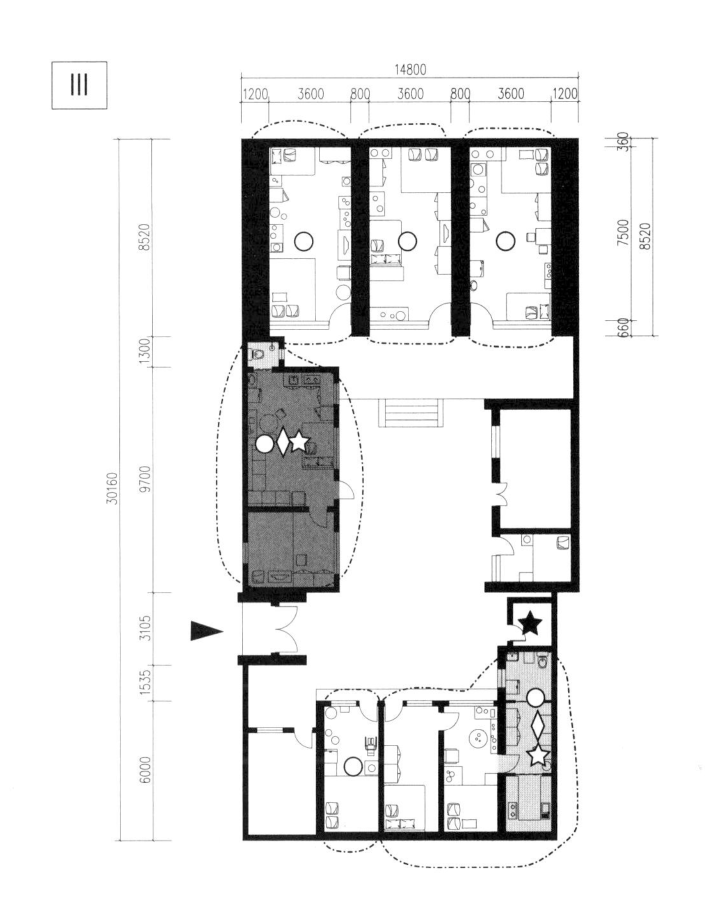

院落平面图

▲ 入口（大门） △ 新入口 现有建筑 增建 空置 重建

★ 共用卫生间 ☆ 私人卫生间 ● 共用水道 ○ 个人水道 一个家庭所利用的空间范围

◊ 独立厨房（电器） ◊ 独立厨房（天然气）

新民巷 4 号信息表 表 5-30

院落编号	院落类型	建设年代	院落面积	居住面积	居住家庭数	
㉚新民巷 4 号	二进四合院	1920 年左右	714m²	239m²	持有家庭 1	租赁家庭 3
空间使用模式	自来水道使用	1 个家庭的居室中已经引入上下水道，有独立水龙头 院落有 1 个公共水龙头，3 个家庭共同使用				
	卫生间使用	1 个家庭有独立的卫生间，使用冲水马桶 院落中有 1 个公共卫生间，3 个家庭共同使用				
	厨房使用	1 个家庭有独立厨房，使用天然气进行烹饪。 其余 3 个家庭在居室内完成烹饪，夏季多使用电器， 冬季多使用与火炕相连的灶				
增改建过程	下院砖木结构的厢房及倒座年久失修，已经拆除 持有家庭通过对室内空间重新划分，拥有了独立的厨卫空间					
区位图		院落简述				
		院落始建于 1920 年左右，为现房东出生时建成投入使用。正窑为五孔独立式窑洞，且后侧连接着用于储藏的窑洞。上院厢房采取了小窑 + 砖木型房屋，下院的厢房和倒座均为砖木结构，但由于年久失修目前已经进行了拆除。 现产权由房东 1 个家庭所有，目前和 3 个租赁家庭共同居住。院落没有经过大的整修，只在 2000 年左右进行了室内的改修				

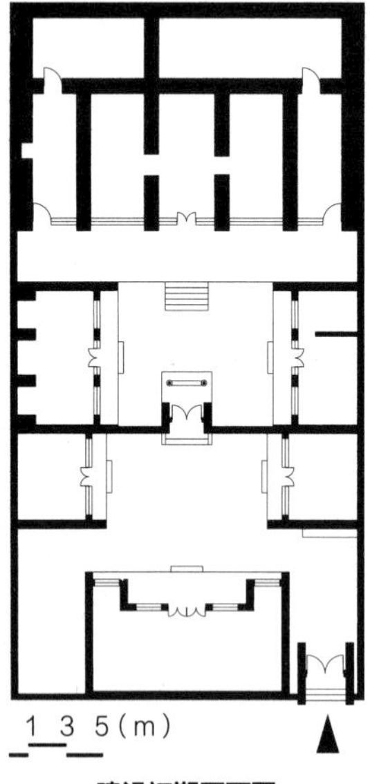

建设初期平面图
（根据现有资料和访谈推测）

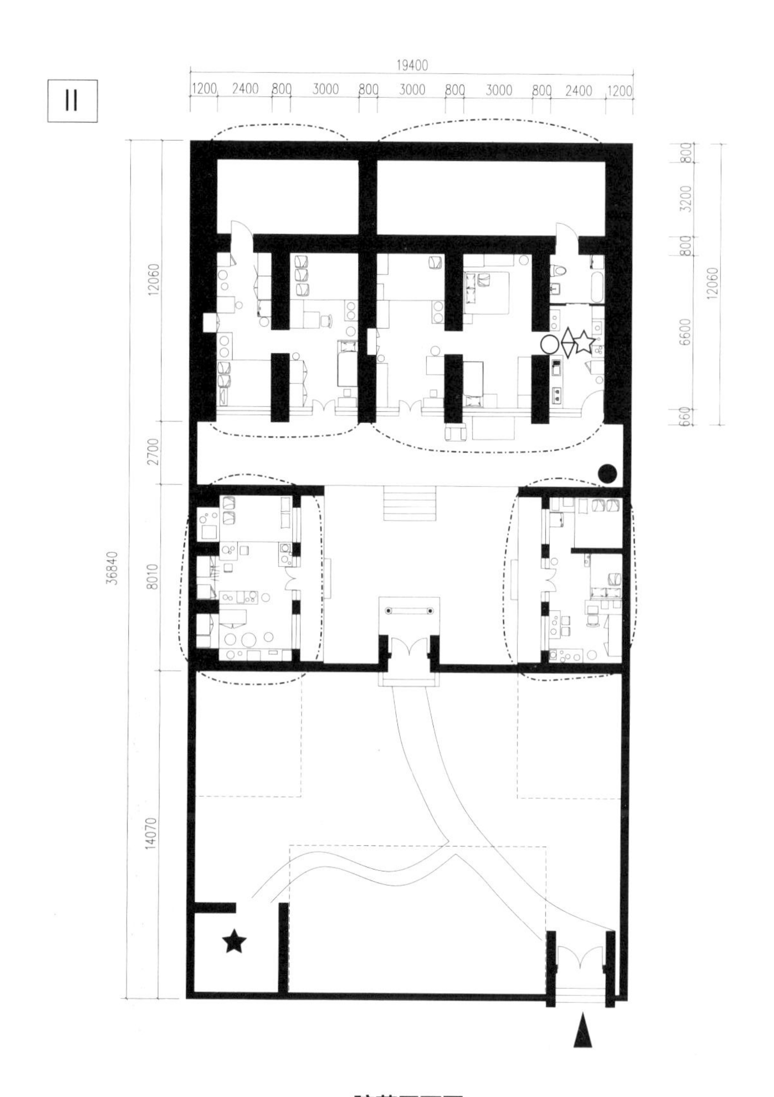
II
19400
1200 2400 800 3000 800 3000 800 3000 800 2400 1200
800
3200
800
6600
660
12060
12060
2700
8010
36840
14070

院落平面图

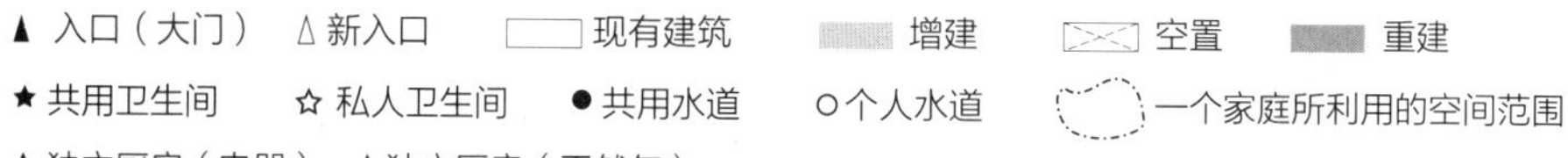
入口（大门）
新入口
现有建筑
增建
空置
重建
共用卫生间
私人卫生间
共用水道
个人水道
一个家庭所利用的空间范围
独立厨房（电器）
独立厨房（天然气）

新民巷 1 号信息表 表 5-31

院落编号	院落类型	建设年代	院落面积	居住面积	居住家庭数	
㉛新民巷 1 号	一进四合院	1920 年左右	570m^2	138m^2	持有家庭 1	租赁家庭 0
空间使用模式	自来水道使用	居室中已经引入上下水道，有独立水龙头				
	卫生间使用	有独立的卫生间，使用冲水马桶				
	厨房使用	独立的厨房空间，使用天然气进行烹饪				
增改建过程	增建厨房 1 间 原砖木结构的东厢房被重建为砖混结构的房屋					
区位图	院落简述					
	院落始建于 1920 年左右，是由仓储窑、正窑、东西厢房、倒座及大门构成的一进四合院。正窑及仓储窑均为平行孔型的独立式窑洞，西厢房与倒座采用了小窑 + 砖木型房屋，东厢房采用了砖木结构。 目前院落只有持有家庭居住，西厢房和倒座因年久失修已经废弃不用，东厢房由砖木结构改建为砖混结构但建筑规模及立面均保留了原有风貌					

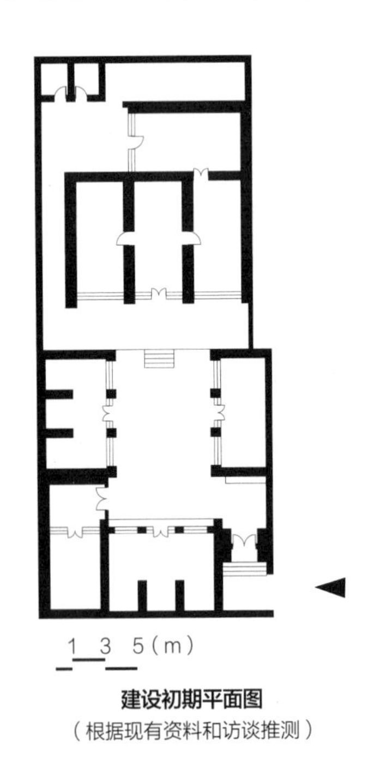

建设初期平面图
（根据现有资料和访谈推测）

I

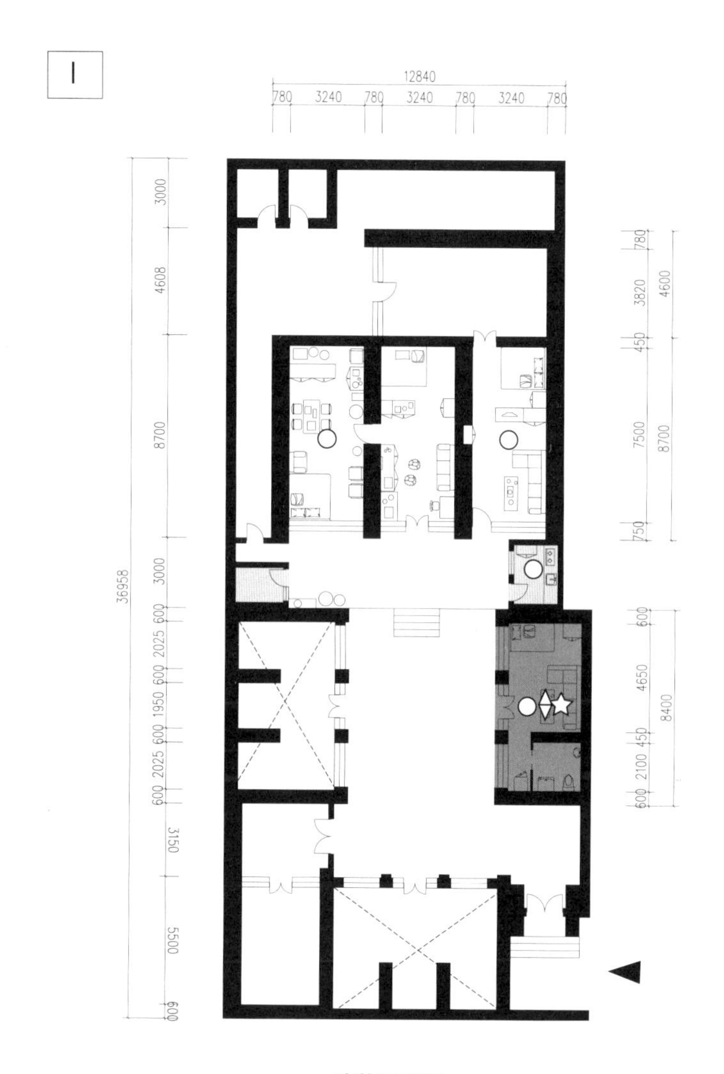
12840
780
3240
780
3240
780
3240
780
3000
4608
8700
3000
600
2025
600
1950
600
2025
600
3150
5500
600
36958
780
3820
450
4600
7500
8700
750
600
4650
450
2100
600
8400

院落平面图

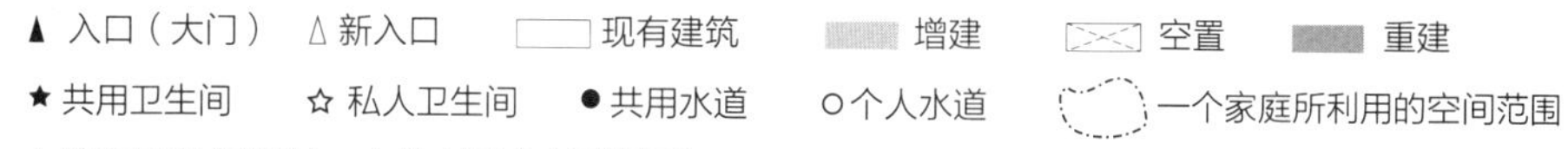
▲ 入口（大门）
△ 新入口
现有建筑
增建
空置
重建
★ 共用卫生间
☆ 私人卫生间
● 共用水道
○ 个人水道
一个家庭所利用的空间范围
◊ 独立厨房（电器）
独立厨房（天然气）

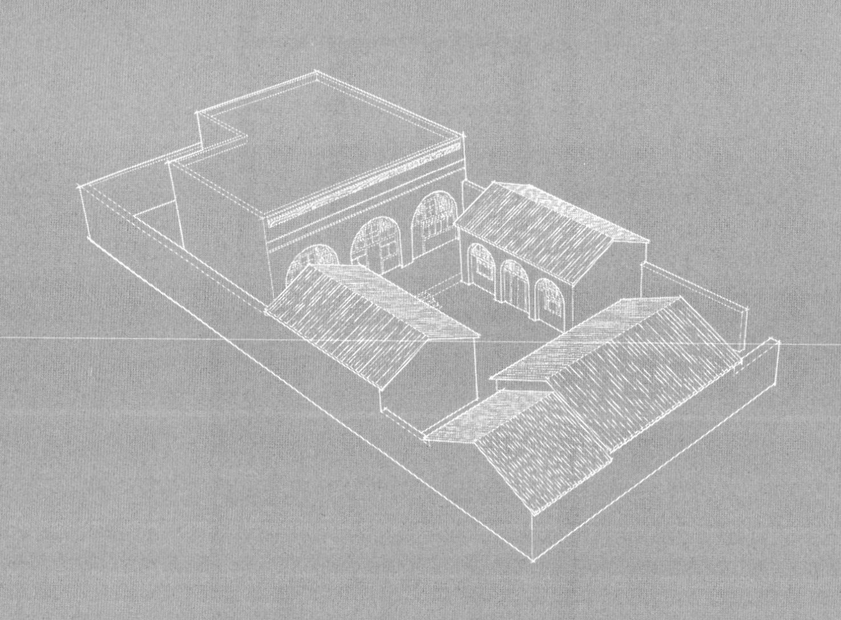

第 6 章

总结与展望

以由原始社会穴居发展而来的独立式窑洞为正房的四合院，作为米脂地区特有的住宅形式使用至今。本书以四合院集中分布的米脂窑洞古城为研究对象，从建筑计划学的角度出发，基于对明代末期至民国时期建设的 31 个院落的调查研究，解析了四合院的平面构成与结构特征。此外，通过分析杂院化后四合院的居住实态与增改建过程，明确了传统院落在现代社会中的意义。

本章将对全书的结论进行归纳与总结，并对未来研究课题及传统四合院的发展前景进行展望。

6.1 米脂窑洞古城四合院的特征

1. 窑洞悠久的建筑历史

在米脂窑洞古城中，窑洞作为主要居住形式，其建设时期从宋代（960 年）延续至今。根据历史记录和实地调研，古城的发展史可分为三个阶段，其窑洞住居形式也相应划分为靠山式窑洞、独立式窑洞四合院和单位家属院。

1）靠山式窑洞（宋代至明代）

宋代以来，当地居民以务农为主，通过挖掘山体建造靠山式窑洞作为主要居所。窑洞前通常设有开敞的院子，用于种植或养殖。这种形式适应了当时的生产生活方式，但对住宅选址要求较高，且仅能单向采光。

2）独立式窑洞四合院（明代至民国时期）

明代以后，随着人口增长和商业萌芽，居民对居住面积的需求增加。受限于靠山式窑洞的选址要求，居民开始在平坦地区以黄土和石材为主要材料建造独立式窑洞。随着聚落扩张，米脂设立县衙，古城成为县域中心。商业的发展使居民积累了财富，受其他地区四合院文化影响，富裕家庭开始了窑洞四合院的建设。这种结合当地窑洞文化与四合院文化的居住形式深受当地居民喜爱，直至国民政府时期仍有新建院落。

3）单位家属院（新中国成立后）

新中国成立后，建立了以独立式窑洞为主要居住空间的单位家属院，红砖成为主要建筑材料。院落形式由四合院转变为联排窑洞，不再强调空间秩序。

随着建筑技术的进步，窑腿厚度逐渐变薄，空间利用更加高效。然而，从空间形式来看，窑洞建筑仍延续着小开间、大进深、以单孔为最小单元空间的特点。

2. 窑洞重要的文化地位

在与米脂窑洞古城相距 240km 的山西平遥，同样存在以独立式窑洞为正房的四合院建筑群。自明代起，便有从山西向米脂移民的记录。清代建立后，山西与米脂商人的往来更加频繁，甚至有商贾人家专门邀请山西大木造工匠来米脂建造房屋。可以说，米脂窑洞四合院是以山西窑洞四合院为蓝本，结合当地居民喜爱的窑洞文化与中国传统合院文化而形成的独特居住形式。

尽管米脂窑洞古城四合院的平面构成与山西四合院并无显著差异，但前者窑洞比例较高，重要房间多采用窑洞形式，且在后期增改建中，大多数窑洞得以保留。这表明，窑洞文化在当地居民心中仍占据重要地位。

3. 以庭院为中心展开的合院形式

与其他地区类似，米脂窑洞古城四合院也以中庭为中心展开。中庭作为居住者交流与共同活动的空间，无论在历史上还是现今，都在生活中发挥着重要作用。

在米脂窑洞古城四合院中，北侧窑洞通常为家族长辈和长子居住，两侧厢房或厢窑则供其他男性成员及女眷使用，也有用作厨房的案例。南侧的倒座房在其他地区多用作佣人寝室或仓库，但在米脂，当地居民称其为“厅房”或“厅窑”，曾用于家族聚餐、典礼、仪式举办或先祖牌位祭祀。这种将长幼有序反映于院落平面的做法，与北京、平遥地区相似。然而，米脂县城市规模较小，大多数窑洞四合院为二进院落，规模相对较小。

4.“小窑 + 砖木结构”的特殊建筑形式

在寒冷干燥的米脂县，以石灰岩和黄土等易得材料建造的独立式窑洞不仅具有良好的蓄热性能，还具有较高的耐久性和可持续利用特征。当地居民对窑洞的这一特点有着深刻认识。根据内部空间形态和建筑规模，独立式窑洞可分为平行孔型和十字拱型。平行孔型的各孔相互平行，而十字拱型则在与建筑进深垂直的方向设有较大的贯穿孔，使三孔原本独立的窑洞形成较大的连通空间，室内屋顶呈现出优美的抛物线。

砖木结构房屋则分为纯砖木结构和“小窑 + 砖木结构”两种。后者多为清代道光年后建设，目前尚未发现其他地区有类似样式的记载。这种建筑形式将蓄热性能优良的窑洞与空间较大的砖木结构相结合，是对两种建筑模式的优化组合。

6.2 米脂窑洞古城四合院杂院化的特征及现实意义

1. 以中庭为多个家庭共用空间的利用模式

1948 年后，随着四合院所有权被分割，原本单一家族居住的住宅逐渐转变为多个家庭共同居住的场所。20 世纪 90 年代以来，随着家庭规模缩小，居民将闲置房屋用于出租。2000 年后，随着米脂新城的建设，许多原本居住在古城的家庭迁往新城。原住民的迁出与外来人口的迁入是造成四合院进一步向大杂院转变的主要原因。现在，租赁家庭占比达到 3/4，其中多数家庭是以为孩子提供更好的教育资源为目的来古城居住。

根据房屋的持有和使用状况，四合院的利用模式可分为五类：单一家庭持有并居住、单一家庭持有与租赁家庭共同居住、多个家庭共同持有与租赁家庭共同居住、多个家庭共同持有仅租赁家庭居住和由于院落被分割为多个院子，且多种持有形态共存。其中，后三类院落所有权均被分割，由多个家庭共同持有，占比超过 80%。平均每个四合院居住 7.74 个家庭，各房屋为家庭的私密空间，而中庭作为共用空间，设有水龙头、卫生间和互动区域。为维持共用空间的清洁与秩序，居民自发形成扫除和维护规则，基于互助原则，每个院落形成了自主治理的小群体。约八成的房屋持有家庭拥有独立厨房，近一半配备冲水马桶。相比之下，九成租赁家庭居住于单间房屋内，人均居住面积狭小，且室内缺乏明确的功能分区。

2. 由于增改建而带来居住环境的改善

房屋的增改建主要集中在 1990—2008 年，旨在改善生活环境并提高租金收入。增改建形式包括院落分割、房屋改建、房屋增建以及厨卫空间的改良。其中，厨房、卫生间、储物间等小规模房屋的增建最为常见。从结果来看，多数房屋持有家庭通过房屋改建对居住空间进行了合理的功能分区，获得了更加整洁、卫生的厨卫空间。而绝大多数租赁家庭仍居住在单间房屋内，功能分区混杂。

此外，本次调研中有 4 个案例通过增建隔墙和新入口，使部分空间从原院落中独立，使传统四合院的空间秩序遭到破坏。

3. 窑洞结构增改建难度高

寒冷地区的米脂县，以黄土和石材作为主要材料建设而成的独立式窑洞具有较好的恒温性和较高的空间独立性，适合作为短期租赁的单间住房。调研中未发现将窑洞改建的案例，但近 1/3 砖木结构的房屋被改建为砖混结构的平房。这一现象既反映了居民对窑洞建筑的热爱和高度评价，也揭示了窑洞增改建难度较大的技术难题。砖木结构的房屋具有易于改建的特性且改造成本相对较低，而窑洞的结构和空间布局难以进行分割或增建，再加上较好的耐久性，一孔窑洞作为生活空间的最小单位使用至今。

思考

如今，米脂窑洞古城四合院成为从农村迁入县城人口的落脚点，为他们提供了租金低廉且可持续居住的场所。尽管一个院落中多个家庭共居导致居住密度过高，生活上存在诸多不便，但从经济和空间利用模式来看，这种形式仍符合居民现状。

米脂窑洞古城四合院中，各房间作为居民的私密空间，而中庭作为共用空间的使用模式，与现代都市中的“共享住宅”（Share House）理念不谋而合。此外，窑洞作为传统生活模式的建筑学具象表达，其优良的居住性能和文化元素深受当地居民赞誉。窑洞坚固且稳定的结构模式与明确的空间划分，虽为偶然，却与核心家庭化的现代社会生活模式相辅相成。

米脂县政府已就窑洞四合院的保护与活用进行了一系列探讨。然而，对聚落最好的保护是使其在适应现代生活模式的同时，继续为社会创造价值与意义。在笔者看来，优化现有居住环境并维持现有的邻里关系是关键。

此外，调研中发现，通过加建隔墙和入口将院落分割为多个小型院子的现象，破坏了以中庭为中心的四合院空间秩序，导致聚落的传统性逐渐瓦解。当地居民和文物保护单位须充分认识到这一问题的严重性，并采取合理措施加以解决。

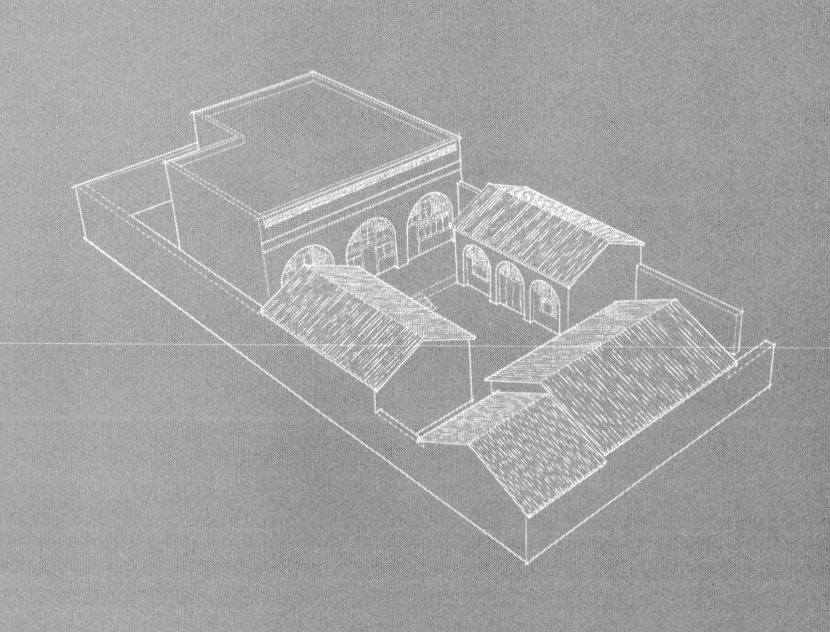

附　录

米脂窑洞古城航拍图
（米脂县文化和旅游文物广电局提供）

米脂窑洞古城街巷及设施图
（作者自绘）

米脂窑洞古城街巷

（作者自摄）

米脂窑洞古城街巷
（作者自摄）

华严寺
（作者自摄）

靠山式窑洞
（作者自摄）

靠山式窑洞

（作者自摄）

米脂窑洞古城四合院
（作者自摄）

米脂窑洞古城四合院
（作者自摄）

米脂窑洞古城四合院
（作者自摄）

四合院中的居民活动场景
（作者自摄）

四合院的增改建
（作者自摄）

四合院的增改建
（作者自摄）

四合院的增改建
（作者自摄）

窑洞与扁平砖拱建筑的结合

（作者自摄）

窑洞室内生活场景
（作者自摄）

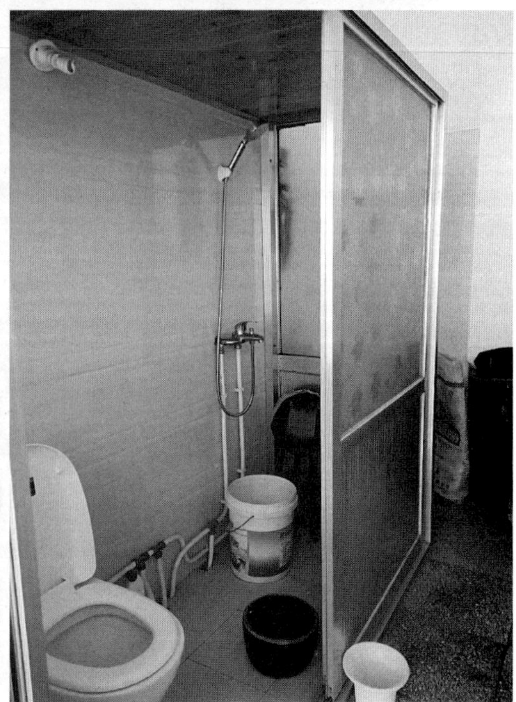

窑洞室内生活场景（厨房和卫生间的改修）
（作者自摄）

参考文献

[1] 米脂县县志编辑委员会 . 米脂县志 [M]. 西安：陕西省人民出版社，1993.

[2] 郭冰庐 . 窑洞风俗文化 [M]. 西安：西安地图出版社，2004.

[3] 李岳岩，陈静 . 山西三原县柏社村地坑窑居 [M]. 北京：中国建筑工业出版社，2020.

[4] 刘奕君，刘玉亭，段德罡 . 关中地区窑洞型传统村落民居演变动力机制研究：以陕西柏社村为例 [J]. 城乡规划，2020（2）：58-66，85.

[5] 陈静，陈赛 . 我国传统村落集群智慧研究：以陕西省三原县柏社村为例 [J]. 城市建筑，2018（4）：30-32.

[6] 李蔓，崔陇鹏，孙鸽，等 . 乡土聚落的重生：陕西省三原县柏社村地坑窑改造示范 [J]. 建筑与文化，2017（12）：13-17.

[7] 黄瑜潇，崔陇鹏，王文瑞 . 柏社村传统地坑院的当代传承研究 [J]. 建筑与文化，2017（6）：118-119.

[8] 杨毓婧，崔陇鹏，李志明 ."景观生态学"视角下的地坑窑植被绿化经验研究：以陕西省三原县柏社村为例 [J]. 建筑与文化，2015（7）：212-214.

[9] 雷会霞，吴左宾，高元 . 隐于林中，沉于地下：柏社村的价值与未来 [J]. 城市规划，2014，38（11）：88-91.

[10] 张睿婕，周庆华 . 黄土地下的聚落：陕西省柏社地坑窑院聚落调查报告 [J]. 小城镇建设，2014（10）：96-103.

[11] 刘敦桢 . 中国住宅概说 [M]. 北京：百花文艺出版社，2004.

[12] 侯继尧，任致远，等 . 窑洞民居 [M]. 北京：中国建筑工业出版社，2018.

[13] 周若祁 . 绿色建筑体系与黄土高原基本聚居模式 [M]. 北京：中国工业出版社，2007.

[14] 吴昊 . 陕北窑洞民居 [M]. 北京：中国建筑工业出版社，2008.

[15] 米脂县政协文史科教委员会 . 米脂窑洞：米脂文史之七 [G]. 2018.

[16] 业祖润 . 中国民居建筑丛书：北京建筑 [M]. 北京：中国建筑工业出版社，2009.

[17] 宋昆 . 平遥古城与民居 [M]. 天津：天津大学出版社，2000.

[18] 周若祁，张光 . 韩城村寨与党家村民居 [M]. 西安：陕西科学技术出版社，1999.

[19] 青木志郎，茶谷正洋，八木幸二，等 . 中国黄河流域窰洞住居の研究 - その 1 生土建築·窰洞住居の形式と立地 [J]. 昭和 58 年度日本建築学会大会学術講演梗概集（北陸），1983（9）：1049-1050.

（中译）青木志郎，茶谷正洋，八木幸二，等 . 中国黄河流域窑洞住宅的研究：第一部分 生土建筑窑洞住宅的形式与环境 [J]. 昭和 58 年度日本建筑学会大会学术演讲梗概集（北陆），1983（9）: 1049-1050.

[20] 八代克彦，茶谷正洋，八木幸二，等 . 中国窰洞住居の庭空間の類型に関する考察 [J]. 日本建築学会計画系論文集，1992（434）: 35-43.

（中译）八代克彦，茶谷正洋，八木幸二，等 . 关于中国窑洞住宅中庭空间种类的研究 [J]. 日本建筑学会计划系论文集，1992（434）: 35-43.

[21] 八代克彦，茶谷正洋，八木幸二，等 . 下沈式窰洞住居における中庭空間の物的な経年変化 [J]. 日本建築学会計画系論文集，1993（448）: 59-69.

（中译）八代克彦，茶谷正洋，八木幸二，等 . 下沉式窑洞住宅中庭空间的变化过程 [J]. 日本建筑学会计划系论文集，1993（448）: 59-69.

[22] 八代克彦，茶谷正洋，八木幸二，等 . 下沈式窰洞集落における中庭の配置パターンと族居に関する考察 [J]. 日本建築学会計画系論文集，1994（455）: 67-76.

（中译）八代克彦，茶谷正洋，八木幸二，等 . 下沉式窑洞聚落中中庭模式及家族居住特征 [J]. 日本建筑学会计划系论文集，1994（455）: 67-76.

[23] 栗原信治，八代克彦，茶谷正洋，等 . 窰洞および房屋の空間構成と場所秩序の比較，- 中国・黄土高原の窰洞集落における住居の空間構成と場所秩序 その 1-[J]. 日本建築学会計画系論文集，1993（454）: 45-53.

（中译）栗原信治，八代克彦，茶谷正洋，等 . 窑洞和房屋的空间构成及秩序的比较：中国黄土高原窑洞聚落的居住空间构成和秩序系列研究 1 [J]. 日本建筑学会计划系论文集，1993（454）: 45-53.

[24] 栗原信治 . 黄土高原における窰洞の位置づけと再分類 [J]. 日本建築学会計画系論文集，2000（536）: 117-123.

（中译）栗原信治 . 黄土高原地区窑洞在民居中的代表性及分类 [J]. 日本建筑学会计划系论文集，2000（536）: 117-123.

[25] 栗原信治 . 黄土高原の薄殻をめぐる動態とそれにもとづく窰洞らしさ [J]. 日本建築学会計画系論文集，2001（544）: 93-100.

（中译）栗原信治 . 关于黄土高原薄壳建筑的发展动态及与窑洞的相似性 [J]. 日本建筑学会计划系论文集，2001（544）: 93-100.

[26] 陣内秀信 . 中国北京における都市空間の構成原理と近代の変容過程に関する研究 [J]. 住宅総合研究財団研究年報，1994（21）: 115-127.

（中译）陣内秀信 . 关于中国北京都市空间的构成原理及近代化变迁过程的研究 [J]. 住宅综合研究财团研究年报，1994（21）: 115-127.

[27] 李東勳，古谷誠章 . 四合院の変容が歴史環境に与える影響に関する研究 - 中国、北京市の南鑼鼓巷地区を事例として -[J]. 日本建築学会計画系論文集，2012（680）: 2293-2301.

（中译）李東勳，古谷誠章 . 四合院建筑空间变迁及对历史环境的影响的相关研究：以中国北京市南锣鼓巷地区为例 [J]. 日本建筑学会计划系论文集，2012 (680): 2293-2301.

[28] 宗迅，福川裕一 . 中国洛陽市郊外衛坡村老街四合院住宅の空間構成 [J]. 日本建築学会計画系論文集，2011 (668): 1893-1902.

(中译) 宗迅，福川裕一 . 中国洛阳市郊卫坡村老街四合院住宅的空间构成 [J]. 日本建筑学会计划系论文集，2011 (668): 1893-1902.

[29] 宗迅，福川裕一 . 中国洛陽市周辺衛坡村伝統四合院住宅における居住の変容と現状 [J]. 日本建築学会計画系論文集，2012 (675): 1103-1112.

(中译) 宗迅，福川裕一 . 中国洛阳市周边卫坡村传统四合院住宅中居住空间的变化及现状 [J]. 日本建筑学会计划系论文集，2012 (675): 1103-1112.

[30] 宗迅，福川裕一 . 中国洛陽市周辺衛坡村伝統四合院住宅における居住の変容と現状 - 伝統的四合院の居住状況および住民意識と新住宅との比較から -[J]. 日本建築学会計画系論文集，2013 (685): 635-642.

(中译) 宗迅，福川裕一 . 中国洛阳市周边卫坡村传统四合院住宅中居住空间的变化及现状：传统四合院及新建住宅的居住状况及居民意识的比较 [J]. 日本建筑学会计划系论文集，2013 (685): 635-642.

[31] 山西省运城地区建委设计室 . 扁平砖拱建筑 [J]. 建筑学报，1974 (3): 23-27.

[32] 孙芳垂 . 扁平砖拱建筑 [M]. 北京：中国建筑工业出版社，1980.

[33] 李晶晶 . 中国古建筑的等级性：以北京四合院为例 [J]. 艺术教育，2013 (10): 181-182.

后记

Postscript

随着居住人口的变化，传统四合院的空间秩序逐渐被打破，演变为“大杂院”。我们希望通过本书的出版，将窑洞四合院这一体现陕北地区建筑特色的建筑类型展现在读者面前，从而推动米脂窑洞古城的保护、利用与文化旅游业的发展。

在本书的调研与写作过程中，我得到了多方的支持与帮助，在此深表谢意。

首先，衷心感谢我的导师——日本国立九州大学人间环境研究院都市建筑学教授末廣香織先生。在博士研究期间，末廣先生不仅给予我无微不至的关怀，还为现场调研和研究方向提供了关键指导。在他的悉心指导下，我顺利取得博士学位，并对研究内容进行深化，最终整理成此书。其次，感谢博士论文审查阶段提出宝贵意见的九州大学教授菊地成朋先生和志賀勉先生。他们的建议使研究方法更加精炼，研究成果更加完善。此外，感谢西安建筑科技大学崔陇鹏老师提供的调研选题，感谢西安交通大学周典教授进行的研究思路的指导，感谢秦汉中学屈秋谷老师提供的珍贵资料。他们的帮助对于此书的完成至关重要。

在调研过程中，米脂窑洞古城的居民、米脂县文化和旅游文物广电局及米脂县政协提供了无私的帮助，在此表示诚挚的感谢。同时，感谢九州大学菊地研究室的野口雄太前辈和末廣研究室的渕上貴代前辈，他们在论文与书籍写作过程中多次给予指导，提出了许多宝贵意见。

此外，感谢一同参与调研和测绘的樋口纱矢、王艺燃、荒木俊辅，他们的支持与协助使调研工作得以顺利完成。特别对参与本书部分图纸绘制和内容编写工作的程志和王晨光进行感谢，有了他们的助力，书稿才能顺利完成。最后，感谢一直支持与鼓励我的家人和朋友，正是有了他们的帮助，本书才得以完稿和出版。

希望各位研究者与读者对本书提出宝贵意见，以促进后续研究的进一步完善。

王梦莹

2024 年秋